河南省矿山地质环境治理工程监理技术要求

（试 行）

黄河水利出版社

·郑州·

图书在版编目(CIP)数据

河南省矿山地质环境治理工程监理技术要求:试行/王刚等主编. —郑州:黄河水利出版社,2017. 8

ISBN 978 - 7 - 5509 - 1817 - 7

Ⅰ.①河…　Ⅱ.①王…　Ⅲ.①矿山地质 - 地质环境 - 治理 - 监理工作 - 技术要求 - 河南　Ⅳ.①TD167

中国版本图书馆 CIP 数据核字(2017)第 195476 号

出　版　社:黄河水利出版社
　　　　　　地址:河南省郑州市顺河路黄委会综合楼 14 层　　邮政编码:450003
发行单位:黄河水利出版社
　　　　　　发行部电话:0371 - 66026940、66020550、66028024、66022620(传真)
　　　　　　E-mail:hhslcbs@ 126. com
承印单位:河南承创印务有限公司
开本:787 mm × 1 092 mm　1/16
印张:8
字数:185 千字　　　　　　　　印数:1—1 000
版次:2017 年 8 月第 1 版　　　印次:2017 年 8 月第 1 次印刷

定价:29. 00 元

前　言

　　为确保河南省矿山地质环境治理工程质量,进一步提高河南省矿山地质环境治理工程监理技术水平,河南省国土资源厅以《关于发布2014年度国土资源科技项目计划的通知》(豫国土资办发〔2014〕26号)批准编制《河南省矿山地质环境治理工程监理技术要求》(以下简称《技术要求》)。项目编号为2014-60,项目承担单位为河南省地质矿产勘查开发局第二地质环境调查院和河南金地工程咨询有限公司,项目承担单位根据批准文件编制本《技术要求》。

　　本《技术要求》依据《河南省地质环境保护条例》等法规、规章,参考《地质灾害防治工程监理规范》(DZ/T 0222—2006)《建设工程监理规范》(GB/T 50319—2013)《矿山地质环境恢复与治理工程施工监理规范》(DB 41/T 1154—2015)等相关规范,并结合河南省矿山地质环境恢复与治理工程的特点编制。

　　本《技术要求》共分为9部分,包括:①范围;②规范性引用文件;③术语和基本规定;④矿山地质环境治理工程勘查监理;⑤矿山地质环境治理工程设计监理;⑥矿山地质环境治理工程施工监理;⑦矿山地质环境治理工程合同管理;⑧监理资料与资料管理;⑨矿山地质环境治理工程信息管理。

　　附录共分6个部分,包括:①施工监理用表;②监理日志格式;③监理月报格式;④旁站监理工序/部位;⑤项目总结报告组卷目录;⑥项目验收意见书格式。

　　由于编者专业水平所限,本《技术要求》中疏漏和不足之处在所难免,如发现请向编写组提出,以便进一步修改完善。

主编单位:河南省地质矿产勘查开发局第二地质环境调查院

参编单位:河南金地工程咨询有限公司

主要起草人:王　刚　龚晓凌　李利彬　张　博　景兆凯　范志勇　孟　江
　　　　　　任胜伟　张吉波　荣富强　李　莹　师永霞　张　晋　张　娅
　　　　　　朱玉娟

主要审查人:郭新华　司百堂　赵云章　李贵明　程生平　王西平　吴东民
　　　　　　郭东兴　侯怀仁　刘新红

《河南省矿山地质环境治理工程监理技术要求》编写组
2015年10月

前　言

目　录

1 范　围

(1)本《技术要求》提出了矿山地质环境治理工程监理工作的术语、基本规定、监理工作程序和勘查、设计、施工的技术要求。

(2)本《技术要求》适用于河南省行政区内的各类能源矿产、金属矿产及非金属矿产的矿山地质环境恢复治理工程的勘查、设计与施工的监理工作。

(3)矿山地质环境恢复治理工程的监理除应符合本《技术要求》外,还应符合国家、相关行业和河南省现行的规范和标准的规定。

(4)监理单位为实施监理而进行的审核、检验、认可与批准,并不免除或减轻责任方应承担的责任。

2 规范性引用文件

根据矿山地质环境恢复治理工程监理的工作需要及与其他规范、规程、行业标准的协调一致性要求,有选择地引用相关规范文件。下列文件对于本《技术要求》的应用是必不可少的。凡是标注日期的引用文件,仅所标注日期的版本适用于本《技术要求》;凡是不标注日期的引用文件,其最新版本(包括所有的修改单)适用于本《技术要求》。

(1)《建设工程监理规范》(GB/T 50319—2013),由住房和城乡建设部于2014年发布并实施。

(2)《地质灾害防治工程监理规范》(DZ/T 0222—2006),由国土资源部于2006年发布并实施。

(3)《矿山地质环境保护与恢复治理方案编制规范》(DZ/T 0223—2011),由国土资源部于2011年发布并实施。

(4)《地质灾害排查规范》(DZ/T 0284—2015),由国土资源部于2015年发布并实施。

(5)《矿山地质环境调查评价规范 1:50 000》(DD 2014—05),由中国地质调查局于2014年发布。

(6)《工程测量规范(附条文说明)》(GB 50026—2007),由建设部和国家质量监督检验检疫总局于2008年发布。

(7)《岩土工程勘察规范(2009年版)》(GB 50021—2001),由建设部和国家质量监督检验检疫总局于2002年发布。

(8)《滑坡防治工程勘查规范》(DZ/T 0218—2006),由国土资源部于2006年发布并实施。

(9)《建筑地基基础设计规范》(GB 50007—2011),由住房和城乡建设部于2011年发布,2012年实施。

(10)《砌体结构设计规范》(GB 50003—2011),由住房和城乡建设部于2011年发布,2012年实施。

(11)《混凝土结构设计规范(2015年版)》(GB 50010—2010),由住房和城乡建设部于2010年发布,2011年实施。

(12)《滑坡防治工程设计与施工技术规范》(DZ/T 0219—2006),由国土资源部于2006年发布并实施。

(13)《水工建筑物水泥灌浆施工技术规范》(SL 62—2014),由水利部于2014年发布,2015年实施。

(14)《砌体结构工程施工质量验收规范》(GB 50203—2011),由住房和城乡建设部于2011年发布,2012年实施。

(15)《建筑地基处理技术规范》(JGJ 79—2012),由住房和城乡建设部于2012年发布,2013年实施。

(16)《建筑边坡工程技术规范》(GB 50330—2013),由住房和城乡建设部于2013年发布,2014年实施。

(17)《生态公益林建设技术规程》(GB/T 18337.3—2001),由国家质量技术监督局于2001年发布并实施。

(18)《混凝土结构工程施工质量验收规范》(GB 50204—2015),由住房和城乡建设部于2014年发布,2015年实施。

(19)《地下防水工程质量验收规范》(GB 50208—2011),由住房和城乡建设部于2011年发布,2012年实施。

(20)《建筑工程施工质量验收统一标准》(GB 50300—2013),由住房和城乡建设部于2013年发布,2014年实施。

(21)《建筑地基基础工程施工质量验收规范》(GB 50202—2002),由住房和城乡建设部于2002年发布并实施。

(22)《崩塌、滑坡、泥石流监测规范》(DZ/T 0221—2006),由国土资源部于2006年发布并实施。

(23)《矿山地质环境监测技术规程》(DZ/T 0287—2015),由国土资源部于2015年发布并实施。

(24)《房屋建筑工程和市政基础设施工程实行见证取样和送检的规定》建设部(建建〔2000〕211号文),由建设部于2000年发布并实施。

3 术语和基本规定

3.1 术 语

下列术语和定义适用于本《技术要求》。

3.1.1 矿山地质环境问题

矿山地质环境问题是指受矿山建设与采矿活动影响而进行的地质环境变异或破坏的事件,主要包括因矿产资源勘查、开采等活动造成的地质灾害(地面塌陷、地面沉降、地裂缝、崩塌、滑坡、泥石流)、含水层破坏、地形地貌景观破坏和土地资源破坏等四大类。

3.1.2 矿山地质环境治理工程

矿山地质环境治理工程是指为消除矿山建设、采矿活动与环境之间相互作用和影响所产生的矿山地质环境问题而采取的工程、生物等治理手段与措施。

3.1.3 工程监理

监理机构依据监理合同规定,对工程的实施进行的质量控制、进度控制、费用控制、安全控制及合同管理、信息管理等工作。

3.1.4 监理单位

受业主委托,承担工程项目监理任务并与业主签订了工程监理合同,具有地质灾害防治工程监理资质的法人单位。

3.1.5 监理机构

监理单位派驻工程项目,负责履行监理合同的组织机构。

3.1.6 总监理工程师

由监理单位法定代表人书面授权,全面负责监理合同的履行、主持项目监理机构工作的监理人员,简称总监。

3.1.7 监理工程师

负责实施某一专业或某一方面的监理工作,具有相应监理文件签发权的监理人员。

3.1.8 监理员

经过监理业务培训,具有同类工程相关专业知识,在现场从事具体监理工作的监理人员。

3.1.9 监理规划

在总监理工程师的主持下编制完成的、经监理单位技术负责人审查并报业主审批,用来指导项目监理机构全面开展监理工作的指导性文件。

3.1.10 监理实施细则

根据监理规划,由专业监理工程师编写,并经总监理工程师批准,针对工程项目中某一专业或某一方面监理工作的操作性文件。

3.1.11 工地例会

由项目监理机构主持的,在工程实施过程中针对工程质量、造价、进度、安全、合同管理等事宜定期召开的,由有关单位参加的会议。

3.1.12 见证

由监理人员现场监督某工序全过程完成情况的活动。

3.1.13 巡视

监理人员对施工现场或关键工序进行定期或不定期的检查、监督和管理。

3.1.14 平行检验

项目监理机构利用一定的检查或检测手段,在承包单位自检的基础上,按照一定的比例独立进行检查或检测的活动。

3.1.15 工程质量检验

根据工程承包合同文件规定,随工程项目实施进展,采用度量、抽查或抽样试验分析等手段,对工程项目实施过程、中间产品与成品是否符合设计文件、合同、技术规范等标准要求进行验证和评价的工作。

3.1.16 合同索赔

依照国家法律、法规和工程合同文件规定,由权益方向违约方或责任方提出补偿要求的合同行为。

3.1.17 工程变更

因勘查条件、设计条件、施工条件、设计方案、施工方案发生变化,或业主与监理单位认为必要时,为合同目的对勘查文件、设计文件或施工状态所做出的改变与修改。

3.1.18 工程计量

以工程承包合同文件规定的程序、方式和方法,对工程承包单位已按合同文件规定完成的合格工程进行量测并确认其数量的工作。

3.1.19 工程延期

工程在实施期间,监理单位根据合同规定对工程期限的延长。

3.1.20 合同工程竣工验收

依据工程承包合同文件规定,对已竣工工程是否符合合同要求做出鉴定和评价的工作。包括由监理单位组织进行的工程质量检验和由业主组织的工程项目竣工验收。

3.1.21 缺陷责任期

工程项目按工程承包合同文件规定移交后,承包单位对该部分工程项目质量缺陷应承担的缺陷修复、修补直至重建的合同责任期限。

3.2 基本规定

3.2.1 监理责任

矿山地质环境治理工程实行项目业主(法人)负责,工程承包(含勘查、设计、施工、监测)单位保证,监理单位控制,相关机构监督的质量责任机制。

(1)监理单位对工程质量、进度(工期)、费用(投资)、安全等目标的控制承担合同责任。

(2)工程监理单位和监理人员、承包单位和承包人员、业主和管理人员,都接受国土资源主管部门及其授权的质量监督部门的管理、监督和检查。

3.2.2 监理工作程序、方法和制度

3.2.2.1 监理工作程序

(1)签订监理合同,明确监理工作范围、内容、目标、服务期限、监理费用以及职责和权限。

(2)按投标文件承诺和合同约定组建治理工程项目监理机构,确定总监理工程师、监理工程师、监理员和其他监理人员,并上报业主认可。

(3)熟悉和掌握工程勘查、设计资料和图纸等文件,包括治理区范围、治理对象的地质特征和治理方案、措施、工程手段,熟悉与工程有关的法律、法规规章制度及其技术标准,熟悉承包合同和监理合同。

(4)参加(或受业主委托组织)设计技术交底和施工图会审。由业主组织勘查设计单

位、施工单位、监测单位和监理单位的项目负责人或技术负责人及相关人员参加。会上由业主介绍项目概况、各参建单位情况,并就项目实施提出要求;由设计单位介绍设计思路、主要治理工程内容和技术要点;由施工单位就设计文件和图纸提出问题和疑问,由设计单位逐一进行解答;由监理单位审核图纸并整理图纸会审记录和会议纪要。

(5)编制监理规划(监理实施细则)和监理管理办法。由项目总监负责编制项目监理规划,明确监理范围、工作目标、监理程序等内容,并进行设计、监理工作交底;专业监理工程师在监理规划指导下,依据工程承包合同,结合治理工程规模、特征等实际情况,分专业制定监理实施细则。项目监理机构全体人员制定监理制度,并宣布实施时效。

(6)召开第一次工地例会,进行监理工作技术交底和安全交底。由项目总监组织各施工单位、监测单位和检测单位技术负责人参加,会上宣布监理制度,明确工程报验验收程序、内容、要求和监理例会制度。

(7)审批项目开工报告。监理工程师检查施工单位开工准备情况并审查其报送的开工报审资料,具备开工条件后项目总监签批工程开工报告并签发开工令。

(8)实施监理工作。项目监理机构就项目实施情况对质量、进度、投资、安全和环保工作进行全面监督、管理和控制,参与协调事宜。验收分项分部工程和隐蔽工程,审查施工单位报送的各类文件(质量、进度、投资、安全等)并及时反馈、回复,发现问题时要求施工单位整改并及时下达监理通知单,确认完成工程量,签批进度工程款付款申请和支付证书。

(9)参加验收和移交工作。参加项目初步验收、最终验收,验收会上汇报监理工作情况,明确工程质量等级,提出后期维护和保修方面的意见和建议。参加项目移交工作,签发工程移交证书和工程保修责任终止证书。

(10)向业主提交有关监理档案资料、监理工作总结报告。

3.2.2.2 监理工作方法

(1)现场记录。监理机构应认真、完整、客观地记录每天各施工项目和部位的人员、设备、材料、天气、施工环境以及施工中出现的各种情况。

(2)巡视检查。监理机构对所监理的工程项目实施情况进行定期或不定期的检查、监督和管理。

(3)跟踪监测。在承包单位对试样监测前,监理机构应对其检测人员、仪器设备以及拟定的检测程序和方法进行审核;在施工单位对试样进行检测时,实施全过程监督,对结果进行确认。

(4)见证。在试样抽取和关键工序、隐蔽工程实施过程中,监理人员全过程在现场监督、指导和管理,确认其程序、方法的有效性以及检测结果的可信度。

(5)旁站监理。在施工现场对工程项目的重要部位、关键工序、隐蔽工程的操作实施连续性的全过程检查、监督与管理。

(6)平行检测。监理机构在施工单位取试样委托检验机构进行检测的同时按照试样总量20%的比例独立抽样进行检测,以核验检测结果。

(7)发布文件。监理机构采用通知、指示、批复、签认等文件形式进行施工的控制和管理。

3.2.2.3 监理工作制度

（1）技术文件审核、审批制度。设计单位提交的设计书、施工图以及施工单位提交的施工组织设计、专项施工方案、施工措施计划、施工进度计划、开工申请等文件均应通过监理机构核查、批准后方可实施。

（2）材料、构配件和设备仪器检验制度。进场的材料、构配件必须有出厂合格证或质量检测合格证明、技术说明书，经施工单位自检和复试合格后，方可报监理机构检验；进场机械、设备和仪器，必须有出厂合格证、有效的效验合格证明方可报监理机构检验。不合格的材料、构配件和设备仪器必须按监理指示在规定时限运离工地或进行相应处理。

（3）工程质量检验制度。承包单位每完成一个工序或单元工程，都应进行自检，合格后方可报监理机构进行检验。上一道工序(上一单元工程)未经检验或检验不合格，不得进入下一道工序(下一单元工程)。

（4）工程计量付款签证制度。所有工程量均应进行计量并经监理机构确认后方可作为有效的付款依据。达到合同约定的付款条件后，承包单位应提交付款申请，监理单位审查后项目总监签署工程款支付证书。

（5）会议制度。监理机构应建立会议制度，包括第一次工地例会、监理例会和监理专题会议。

①第一次工地例会。应在工程开工令下达之前举行，会上各参建单位分别介绍驻现场的组织机构、人员和分工；业主根据委托合同宣布对监理单位的授权；施工单位介绍开工准备情况；各方研究确定参加工地例会的主要人员、例会周期、地点及主要内容。

②监理例会。在施工过程中，总监理工程师应定期主持监理例会，会上检查上次例会会议事项的落实情况，分析未完事项原因；检查分析进度计划完成情况，提出下一阶段进度目标及落实措施；检查分析工程质量状况，针对存在的质量问题提出改进措施；检查工程量核定及工程款支付情况；解决需要协调的有关事宜。

③监理专题会议。监理机构应根据需要主持召开监理专题会议，研究解决施工中遇到的涉及质量、进度、安全、施工方案、工程变更和解决争议等方面的专门会议。

④项目总监应组织编写由监理机构主持召开的会议纪要，经与会各方代表会签后分发与会各方。

（6）施工现场紧急情况报告制度。监理机构应针对施工现场可能出现的紧急情况编制处理程序、处理措施等文件。当发生紧急情况时，应立即向业主和主管单位报告，并指示承包单位采取有效紧急措施进行处理。

（7）工作报告制度。施工期间监理机构应及时向业主提交监理月报或监理专题报告，在项目验收时提交监理工作总结报告。

（8）工程验收制度。监理机构在收到施工单位提交的项目验收申请后应对其是否具备验收条件进行审核，并参与、组织或协助业主组织工程验收。

矿山地质环境治理工程监理，除应符合本《技术要求》外，还应符合国家有关的强制性标准、规范以及规定。

3.2.3 监理依据

(1) 国家的法律、法规、规章及相关文件。

(2) 国家、地方和相关行业现行的技术标准、规程规范及其强制性条文。

(3) 经批准的文件、项目实施方案、设计、批复预算等。

(4) 项目委托监理合同、承包合同、设备采购合同等相关合同文件。

(5) 监理单位与承包单位的有关会议记录、函电和其他文字记录等文件。

3.2.4 监理阶段划分

监理阶段划分与工程实施阶段一致,可分为勘查设计阶段和施工阶段等两个阶段,每个阶段还可以细分出专项工程监理阶段。监理单位应熟悉工程各实施阶段的任务和要求。

3.2.5 监理机构

监理单位应在工程现场设置与所承担的监理工程项目和监理任务相适应的监理机构,代表监理单位直接承担工程项目的勘查设计或施工的监理任务,项目监理机构在完成监理合同约定的监理工作后方可撤离工地现场。

3.2.6 监理人员

监理人员应由总监理工程师、监理工程师和监理员组成,必要时可配备总监理工程师代表。监理人员的配置应与所承担监理工程项目的进展及监理任务相适应,并具备相应的技术资质、专业素质与工作能力。

3.2.7 监理设施与设备

业主或其委托的实施单位应提供委托监理合同约定的、满足监理工作需要的办公、交通、通信、生活设施。项目监理机构应妥善保管和使用,并应在完成监理工作后移交业主或其委托的实施单位。

项目监理机构应根据项目规模、复杂程度、工程项目所在地的环境条件,按委托监理合同的约定,配备满足监理工作需要的常规检测设备和工具。具备条件的项目,项目监理机构应配备计算机辅助进行监理工作信息化管理。

3.2.8 监理质量检测

监理机构(或其委托的检测机构)应具备与其所承担的监理工程项目和监理任务相适应的工程质量检测试验和测量手段,以保证能按监理合同文件规定独立地进行监督性或复核性的工程质量检测试验工作。

3.2.9 监理单位职责与职权

依据第3.2.1条第(1)款的规定,综合运用法律、经济、技术手段,对工程承包单位的行为和责、权、利进行协调和约束,确保工程实施行为的合法性、科学性和经济性,满足工程投资目标、进度要求和质量要求,取得最大的社会效益和经济效益。因此,监理单位拥有以下职权:

(1)对工程勘查、设计文件的核查权。

(2)对工程勘查、设计和施工单位选择的分包商、供货商技术能力的审查权、确认权与否决权。

(3)对工程勘查、设计和施工中有关事项向业主提出优化的建议权。

(4)对工程勘查、设计和施工措施、技术方案和计划的初审权。

(5)对工程承包各方现场协调的主持权。

(6)按合同规定发布开工令、停工令、返工令和复工令。

(7)对工程中使用的材料、设备和施工质量的检验权、质量确认权与否决权。

(8)对工程勘查、设计和施工进度的检查、监督权,合同工期的签认权。

(9)对工程变更的审查权、指令权与临时处置权。

(10)对工程合同支付计量权、合同支付与合同索赔的审查权和签证权,项目移交与完工签证权。

(11)对工程合同争端的调解权。

(12)对业主或其委托的项目实施单位及时、妥善履行工程合同规定的各项责任和承诺的督促权。

3.2.10 总监理工程师的职责

矿山地质环境治理项目工程监理实行总监理工程师负责制,总监理工程师是监理机构的全面负责人,按监理合同规定行使业主授予的监理权力并承担监理最终责任。总监理工程师具有以下职责:

(1)确定项目监理机构人员的分工和岗位职责。

(2)主持编写项目监理规划、审批项目监理实施细则,并负责管理项目监理机构的日常工作。

(3)检查和监督监理人员的工作,根据工程项目的进展情况可进行监理人员调配,对不称职的监理人员应调换其工作岗位。

(4)主持监理工作会议,签发项目监理机构的文件和指令。

(5)审定承包单位提交的开工报告、施工组织设计、勘查大纲、技术方案、进度计划,审查和签认工程变更。

(6)审核签署承包单位的申请、支付证书和竣工结算。

(7)主持或参与工程质量事故及安全事故的调查。

(8)调解业主与承包单位的合同争议、处理索赔、审批工程延期。

(9)组织编写并签发监理月报、监理工作阶段报告、专题报告和监理总结报告。

(10)审核签认分部工程和单位工程的质量检验评定资料,审查承包单位的竣工申请,组织监理人员对待验收的工程项目进行质量检查,参与项目的竣工验收。

(11)主持整理工程项目的监理资料。

(12)行使监理工程师的所有职责。

3.2.11　监理工程师的职责

(1)负责编制监理规划,负责编制本专业的监理实施细则。

(2)负责本专业监理工作的具体实施。

(3)组织、指导、检查和监督本专业监理员的工作,当人员需要调整时,向总监理工程师提出建议。

(4)审查承包单位提交的涉及本专业的计划、方案、申请、变更,并向总监理工程师提出报告和施工组织设计中本专业部分。

(5)负责本专业分项工程验收及隐蔽工程验收。

(6)定期向总监理工程师汇报本专业监理工作实施情况,对重大问题及时向总监理工程师汇报和请示。

(7)负责收集、汇总、整理本专业监理资料,参与编写监理月报,填写监理日志。

(8)核查进场材料、设备、构配件的原始凭证、检测报告等质量证明文件及其质量情况,根据实际情况认为有必要时对进场材料、设备、构配件进行平行检验,合格时予以签认。

(9)负责本专业的工程计量工作,审核工程计量的数据和原始凭证,协助总监理工程师处理变更、质量和安全事故,并提出初步意见。

(10)协助总监理工程师协调参建各方之间的工作关系,按照职责权限处理施工现场发生的有关问题。

3.2.12　监理员的职责

(1)在专业监理工程师的指导下开展现场监理工作。

(2)检查承包单位投入工程项目的人力、材料、主要设备及其使用、运行状况,并做好检查记录。

(3)核实进场原材料质量检验报告和施工测量成果报告等原始资料。

(4)核查关键岗位施工人员的上岗资格,检查、监督工程现场的施工安全和环境保护措施的落实情况,发现异常情况及时向监理工程师报告。

(5)复核或从工程现场直接获取与工程计量有关的数据并签署原始凭证。

(6)按设计及有关标准,对承包单位的工艺过程或施工工序进行检查和记录,对加工制作及工序、施工质量检查结果进行记录。

(7)担任旁站工作,发现问题及时指出并向监理工程师报告。

(8)做好监理日记和有关的监理记录。

4 矿山地质环境治理工程勘查监理

4.1 勘查阶段的监理任务

勘查阶段的监理任务是指紧密结合勘查任务，严格遵守、执行国家和部门有关法规、勘查规范等标准和合同规定，控制好工程勘查各实施工序的质量，签认勘查工作量，审查报告等成果，保证勘查报告等成果和结论真实、准确，满足工程相应阶段的需要，并督促勘查单位按时完成勘查任务。

4.2 勘查准备阶段监理

4.2.1 编制勘查任务书

按监理合同要求协助业主或其委托的实施单位审查勘查单位编制的工程勘查任务书。勘查任务书的主要内容应包括工程名称，勘查范围，勘查目的与任务，勘查内容、方法和要求，预期勘查成果和完成时间等。

4.2.2 协助委托勘查

(1)协助业主招标选定工程勘查承包单位，签订工程勘查承包合同；审核承包单位的技术能力。

(2)协助业主确认工程勘查分包单位。

(3)提请业主按合同约定及时向勘查单位支付工程预付款。

(4)协助业主向勘查单位提供有关文件和资料，包括项目批复文件，勘查任务书，坐标点、高程控制点，其他业主应提供给勘查单位的文件和资料。

(5)审查勘查工作大纲和勘查计划，必要时报业主审批。

4.2.3 勘查阶段监理规划编制

(1)现场踏勘。项目总监理工程师或专业监理工程师与勘查单位一起进行现场踏勘，对勘查区地质环境和治理对象进行总体概略认识。评价可以投入的勘查方法和勘查力量，确定勘查剖面和重要勘探点(钻孔、山地工程等)的位置，并了解勘查区域内及其对外交通运输、通信、气象、劳动力和动力供应等条件。

(2)督促勘查单位编制勘查大纲。勘查大纲的主要内容应包括任务来源，勘查依据和目的、任务，工程等级和勘查范围，已有勘查程度与评价，自然地理条件和社会条件，矿山地质环境条件，治理对象特征(矿山地质环境问题，形成因素与形成机制，目前状态与发展趋势,造成危害、潜在危害与影响的范围),勘查内容与方法,勘查工作部署与工作量,勘查技术要求,人员组织与机械设备安排,勘查进度计划与经费预算,预期提交勘查成果等。

(3)参与业主主持的勘查大纲的审查。重点审查勘查大纲是否符合勘查合同规定和现行勘查规范要求,能否实现勘查目的和合同要求。

(4)根据通过审查的勘查大纲内容结合现场踏勘情况编制指导监理工作的监理规划和实施细则。编制完成后按照程序进行审核,并报业主或其委托的实施单位。在监理过程中,若实际情况或条件发生重大变化而需要调整监理规划和实施细则,可以按原程序进行调整、修订和批准,并报业主或其委托的实施单位。

4.3 现场勘查监理

4.3.1 现场勘查监理任务

监理单位应掌握勘查对象的基本内容,监督勘查单位应查明各类地质体的外部形态、内部结构和边界条件,以及有关设计参数。重点包括:

(1)勘查区内水文气象、地形地貌、地层岩性、地质构造、水文地质条件、矿体特征和矿山地质环境。

(2)与勘查对象有关的矿山生产现状和规划、工程建设、远景规划,及其所处的人工地质环境。

(3)勘查对象的边界条件、底界条件、分布范围、规模、形体特征、结构特征和变形特征。

(4)勘查对象的形成机制、动力因素、诱发因素、成灾破坏的环境条件,目前稳定性及所处变形阶段,今后可能出现的荷载及其组合条件下的稳定性,以及环境岩土体的稳定性和防治措施,可能利用的环境场地的特征。

(5)勘查对象发育历史情况,今后可能对环境造成危害的时间、规模、起始影响模式、影响范围、发展趋势、成灾的可能性及其类型。

(6)勘查大纲规定的其他内容。

4.3.2 勘查质量控制

(1)组织勘查施工专项方案评审,组织勘探与试验项目施工设计交底与图纸会审,明确质量要求和质量标准。

(2)督促并协助勘查单位完善质量管理制度,包括现场质量检查制度、质量统计报表制度与质量事故报告处理制度等。

(3)督促并协助勘查单位(包括分包单位)完善质量保证体系,包括质量检测技术和手段;对勘查单位的实验室(或拟送样的实验室)的资质进行考察,确定选用的实验室。

(4)对拟进场的勘查仪器、设备进行审查,不合格的不许进场;审查勘查单位在勘查中拟采用的新仪器、新设备和新技术、新工艺的技术鉴定书和合格证。

（5）检查勘查合同约定的范围、工作量、定位准确度是否满足设计及规范要求；检查控制性勘探点的布置和勘探技术手段的选择是否满足设计要求。

（6）对重要的勘探试验、监测工程，以及重要的勘查部位与工序（包括崩滑带的钻探取芯，平硐、竖井、探坑取样和地质编录，现场原位测试）实施旁站监理，认真检查和验收。旁站监理工序/部位如附录4所示。

（7）严格勘查工序之间的交接检查，主要工序作业（如平、斜洞地质编录，钻探钻进和地质编录，现场原位测试试件制备、设备安装和试验等）应按有关验收规定，经监理现场验收后，才可进行下一工序的施工。

（8）进行随机抽样检查。对野外地质点、物探点、测量点、试验点、取样点、监测点等，应进行 10% ~20% 的随机抽样检查和现场检查。

（9）严格控制勘查大纲变更，对勘查大纲的重大变更按规定程序审批。

（10）按照监理合同规定，行使质量监督权和质量否决权，必要时下达停工令，并按监理程序签署复工令。

（11）组织定期和不定期的质量现场会议，及时分析、通报勘查质量状况，及时协调有关单位之间关于勘查质量的业务活动。

（12）严格执行野外质量验收制度。对已完成的勘查作业，应进行野外现场质量验收；检查勘查进度及原始记录，审核签认各项工程量，对不合格者要求返工或补充勘查。

4.3.3 专项勘查工程监理

1. 测量工程监理

（1）检查承包单位用于项目的有关仪器、设备完好程度及性能、作业人员配备及其资格证书等是否满足要求。

（2）检查控制测量中的国家等级点、基本控制点、勘查控制点的准确度，等级点数量、级别是否满足规范要求。

（3）检查测量的范围、精度是否满足勘查大纲和规范的要求，定时或不定时进行抽查，抽查率 10% ~20%。

（4）检查测量原始记录，了解计算精度情况。

（5）检查测量工程内业质量。发现重大错误时应立即制止，并责令勘查单位及时进行补救或外业复查。

（6）核查测量工程的最终成果，确认其是否满足相关规范的要求和设计的需要。

2. 地质环境调查与测绘监理

（1）检查勘查区区域地质、矿产地质、水文地质、工程地质、环境地质等资料是否调查清楚。

（2）检查与勘查对象有关的矿山自然资料，包括地形地貌、水文气象条件、区位优势、居民状况、交通及社会经济概况、土地资源、经济活动、工程建设、远景规划等是否调查清楚。

（3）检查勘查区矿产资源勘查、开发状况资料，包括探矿权和采矿权登记数据及有关资料是否收集。

（4）检查勘查区矿产资源规划资料、地质环境治理保护规划、地质灾害防治规划及专题研究成果等是否收集。

（5）检查大、中型矿山调查中是否采用 GPS 进行准确定位，对室内遥感解译出的矿山地质环境和地质灾害问题点是否逐一进行野外验证。

（6）检查勘查单位调查日记是否详细记录每日的野外行程、调查内容。

（7）测绘范围、比例尺和精度是否满足勘查大纲要求。

3. 工程物探监理

（1）检查物探工作布置是否与勘查大纲一致，不一致时是否满足勘查目的和相关规范要求。

（2）检查勘查单位使用的物探仪器工况是否良好，合格证、技术鉴定书等相关资料是否齐全，有时效的资料是否在有效期限内。

（3）对物探全部野外探测工作进行抽查，抽查率 10% ~ 20%。

（4）对平行和垂直勘探对象的第 1 条物探测线和关键物探测线进行全过程现场旁站监理。

（5）参与、检查物探成果解译过程，并检查物探解译是否针对多解性采用综合方法提高解译精度。

（6）对于根据相关规定需要进行物探专项研究的项目，要求承包单位编制专项物探设计书；并按程序对承包单位提交的专项物探设计书进行审核，必要时组织有关单位和专家对设计书进行评审。

（7）对物探施工中的调整和变更进行审查、确认，并提出意见和建议。

4. 工程钻探监理

（1）检查钻探工作布置是否与勘查大纲一致，不一致时是否满足勘查目的和相关勘查规范的要求。

（2）检查勘查单位用于项目的机械设备状况、性能和相关技术指标是否满足钻探工作需要，各种质量证明材料是否齐全。

（3）检查勘探性钻孔数量和控制性钻孔数量是否满足勘查大纲和勘查规范要求。

（4）检查钻探孔孔径、孔深、取芯率是否与勘查大纲一致，不一致时是否满足勘查目的和相关勘查规范的要求。

（5）对钻孔钻进成孔、取芯和孔内相关试验过程进行抽查，抽查率不低于 20%。

（6）对勘查区第 1 个钻孔、控制性钻孔和重点部位钻孔钻进过程进行旁站监理。

（7）对钻探施工中的调整和变更进行审查、确认，并提出意见和建议。

5. 井探、槽探、洞探工程监理

（1）检查井探、槽探、洞探工程布置是否满足勘查大纲和相关勘查规范的要求。

（2）检查勘查单位用于项目的机械设备状况、性能和相关技术指标是否满足钻探工作需要，各种质量证明材料是否齐全。

（3）检查井探、槽探、洞探工程的数量、截面尺寸和深度是否满足勘查大纲和勘查规范的要求。

（4）检查勘查单位对井探、槽探、洞探各种现场记录和图件编制是否完整。

（5）对施工过程和相关试验过程进行抽查，抽查率10%～20%。

（6）对勘查区第1个井探（槽探、洞探）施工进行旁站监理。

（7）属于危险性较大的分项分部工程要求承包单位编制专项施工方案，并要求承包单位组织专家对专项施工方案进行论证。

（8）对井探、槽探、洞探施工中的调整和变更原因进行审查、确认，并提出意见和建议。

6. 原位试验工程监理

（1）检查试验工作布置和程序是否满足勘查大纲和相关勘查规范的要求。

（2）检查勘查单位用于试验的仪器设备状况、性能和相关技术指标是否满足试验需要，各种质量证明材料是否齐全。

（3）检查勘查单位对试验的各种现场记录是否完整。

（4）对勘查区第1个原位试验过程进行旁站监理。

（5）对所有试验过程进行抽查，抽查率10%～20%。

（6）对原位试验中的调整和变更原因进行审查、确认，并提出意见和建议。

7. 样品采集和室内试验监理

（1）检查样品采集的部位和层位是否满足勘查大纲和相关勘查规范的要求。

（2）检查样品采集的程序、样品规格和封存条件是否满足勘查大纲和相关勘查规范的要求。

（3）检查送检试验室条件、仪器工况、检测人员和检验程序是否满足规范要求。

（4）样品化验结果中送样日期、项目名称、取样部位和送样人是否与实际情况相一致。

4.3.4　勘查进度控制

（1）督促、检查勘查单位的人员、设备、材料按计划进场，督促勘查单位及时完成开工报批手续。

（2）检查勘查单位的各项勘查准备工作，确认准备工作就绪后发布开工令。

（3）督促各勘查项目按勘查大纲计划时间进行勘查，定期检查实际进度情况，督促勘查单位采取有效措施纠正勘查进度偏差。

（4）当勘探、试验等对勘查对象扰动过大时，应立即调整施工方法、施工进度和施工强度，以保证勘查对象的稳定性，避免对环境造成更大的不良影响。

（5）按时签认勘查工作量，及时签发进度款付款凭证；审批进度拖延，调解业主和勘查单位之间的有关争议。

（6）配合勘查单位做好与地方政府和当地群众的协调工作，预防和排除其对勘查进度的干扰。

（7）定期向业主或其委托的实施单位提供进度报表，并收集勘查进度资料，进行归类、编目、建档。

4.3.5 勘查费用控制

（1）严格审查图纸，重视勘探、试验项目施工方案和施工图纸的会审，优化完善实施方案，保证工程量不超预算，并且要避免造成重复工作，尽量减少费用浪费。

（2）严格控制勘查工程按照勘查大纲施工，在施工中加强管理，确保工程量误差在允许范围内，总工程量不超原设计总额。控制勘查计量、工程款支付的程序和支付比例，满足合同约定。

（3）各项勘查工作量应由现场监理人员量测复核并签字确认，每天记录在监理日志上，监理工程师复核认可后，最终工作量由项目总监签认。

（4）严格控制勘查大纲变更程序，凡涉及超出原设计工作量签证以及费用支出的停工费、窝工费和用工、材料代用、调价等签证，应由总监理工程师审核，并报送项目承担单位或其委托的项目实施单位。

（5）参与勘查合同修改、补充勘查的确定，应着重考虑费用控制的有关条款，参与处理工程索赔。

（6）及时统计勘查实际工作量与设计工作量的对比情况，在保证勘查效果的前提下控制勘查工作量不超设计。

（7）定期和不定期地向业主或其委托的实施单位报告勘查费用动态情况，提出降低费用合理化建议。

（8）参与并审核勘查完工决算，并提出意见和建议。

4.4 勘查成果审查和应用

4.4.1 勘查成果审查

参加业主主持或经业主授权主持的勘查成果审查验收。审查勘查报告等成果是否符合勘查合同、勘查大纲和有关勘查规范等标准的要求；审查报告等成果的完整性、合理性、可靠性和实用性，并提出审查意见和建议。

4.4.2 签发补充勘查通知

在工程设计、工程施工过程中，若需要某种在勘查报告中没有反映且在勘查任务书中没有要求的勘查资料，必须另行签发补充勘查任务书，其中应注明预先商定的并经过业主或其委托的实施单位同意的应增加的费用。

4.4.3 勘查成果应用

协调勘查单位与设计、施工单位的配合，督促勘查单位及时将勘查报告等成果提交给业主或其委托的实施单位，作为设计、施工的依据，其勘查深度应与设计深度相适应。

5 矿山地质环境治理工程设计监理

5.1 设计监理任务

监督检查工程设计单位应严格遵守、执行国家和部门有关法规、规范等标准和合同约定,全面熟悉勘查成果,深入认识须恢复治理对象的地质特征,根据治理目的和设计任务提出技术先进、可行和经济合理的最优治理方案、治理设计文件,以及概、预算文件等,满足治理工程施工需要,达到恢复治理的目的。

5.2 设计准备监理

5.2.1 审查设计任务书

协助业主或其委托的实施单位审查设计单位编制的工程设计任务书。设计任务书的主要内容应包括工程目的和任务、工程设计依据、工程设计标准、工程设计原则、工程设计要求、工程设计成果和完成时间等。

5.2.2 编审设计大纲

(1)现场踏勘。项目总监理工程师或专业监理工程师与勘查、设计单位一起进行现场踏勘。由勘查单位介绍恢复治理对象所处的地质环境和地质特征,初步研讨恢复治理的方案、类型(措施)和工作内容,进一步了解治理区内及对外交通运输、通信、气象、劳动力和动力供应、材料资源等条件。

(2)督促设计单位编制设计大纲。设计大纲的主要内容应包括设计依据和目的、任务,工程等级和设计原则,矿山地质环境问题种类、类型及组合方式,恢复治理对象评价和设计标准的确定,工程方案和恢复治理措施及其配置组合选择和优化,治理工程布设位置和工程构造、结构设计优化,工程施工措施和技术要求研究,根据地质特征、场地条件、地区材料资源、施工环境及其对邻近工程的结合、影响的处理措施研究,恢复治理工程工期确定和设计进度计划,工程概算或预算组成及其定额标准、设计经费、预期设计成果等。

(3)授权主持或参与业主主持的设计大纲的审查。重点审查设计大纲是否符合设计合同规定和现行规范等标准,能否实现设计合同要求;对设计大纲内容的科学性、合理性和针对性等提出意见和建议。

5.2.3 协调关系

(1)协调业主和设计单位沟通,以及与当地政府有关部门的联系。

(2)协调各设计单位或各专业单位之间的关系。当分阶段设计招标或分项、分专业设计招标时,应及时做好各阶段或各专业设计之间的协调。

5.3　设计质量监理

5.3.1　可行性研究质量控制目标

矿山地质环境工程可行性研究的质量控制目标,主要是坚持"以人为本、和谐发展,预防为主、防治结合,因地制宜、讲究实效,科技支撑、注重成效"的原则,根据治理对象的危险性、危害性,对治理工程的必要性、现实性、技术可行性、经济合理性等,做出符合实际的论证和评价,得出客观、公正的结论,推荐出最优的治理方案。

5.3.2　初步设计和施工图设计质量控制目标

(1)质量控制目标确定原则。
①工程的使用功能满足环境治理与恢复要求。
②治理工程结构安全、可靠,工艺流程合理、可行,符合发展规划要求。
③治理工程经济合理。
④治理工程造型美观,与区内环境协调一致。
(2)质量目标具体、明确,既有总目标,也有分阶段、分专业的具体目标。
(3)质量目标应在需要和可能之间仔细分析,使其与投资目标一致。
(4)应适当留有余地,以适应设计过程中目标调整的可能性。

5.3.3　设计质量保证体系

督促设计单位建立以岗位责任制为中心的质量保证体系,落实设计责任,严格设计质量的校核和审核制度,优化设计。

5.3.4　设计质量跟踪监理

定期和不定期地对设计文件进行深入细致的审查,必要时对设计计算进行核查,对不符合质量标准和要求的要限期修改。
(1)审查设计程序执行情况。
(2)审查设计文件是否符合国家和部门有关法规和规范等标准的要求。
(3)审查设计文件是否达到设计任务委托书、设计招标文件和设计合同的要求。
(4)审查设计文件中各单项工程设计文件的统一性和协调一致性。
(5)审查设计文件中施工方法的可行性及其是否满足环境保护要求。
(6)审查设计文件所依据资料的可靠性、数据的准确性、图纸的正确性与规范性。
(7)编制质量控制报表,定期向业主或其委托的实施单位汇报。

5.4 设计进度监理

5.4.1 设计进度监理任务

督促设计单位按设计合同规定的总工期和开始日期、完成日期编制设计进度计划。设计进度计划的主要内容包括：

(1)设计总体规划和总体设计方案说明。

(2)设计总进度计划,各阶段设计进度计划和重点工程、分项工程进度计划。

(3)设计年度、月度进度计划,出图计划。

(4)各阶段设计人员配备计划。

5.4.2 审查设计进度计划

协助业主或其委托的实施单位对设计进度进行审查,并批复。审查重点内容应包括：

(1)按项目批复文件、任务委托书和项目计划工期审查进度计划的合理性。

(2)各分项进度计划与设计合同、项目进度安排(含施工工期)的符合性。

(3)设计工作量与安排的设计人员、设备的适用性。

(4)各单元、各工种设计的难度和设计进度衔接的紧凑性。

5.4.3 设计进度控制措施

(1)督促设计单位对设计总进度计划目标进行分解,可以按设计阶段分解,也可以按设计年度、月度分解。

(2)利用设计合同、监理合同所规定的监理权利,定期和不定期地检查设计完成情况,督促设计单位调整、纠正设计进度偏差。

(3)按合同规定的期限对设计单位完成的设计工作量进行检查、验收,并签发支付证书。

(4)督促项目业主或其委托的实施单位按时支付设计单位工程设计费用。

(5)定期向业主或其委托的实施单位报告设计进展情况和存在的问题,提出对策和建议。

5.5 工程投资和设计费用监理

5.5.1 合理确定设计标准

设计标准是影响工程造价的重要因素,具有降低工程造价的巨大潜力,必须根据工程治理任务合理确定,并需要征得上级主管部门的同意,或有主管部门指定。当工程设计规范中给出的设计标准为区间值时,应提请业主或其委托的实施单位主持设计标准取值的研究。

5.5.2 严格审查工程概(预)算

严格审查工程概(预)算的真实性和准确性。主要审查内容为概(预)算编制依据和编制方法,概(预)算项目内容,概(预)算定额指标单价、单位造价和技术经济指标,概(预)算文件等。

5.5.3 设计费用监理

(1)重视设计图纸会审,提出优化设计建议,尽量减少费用浪费。

(2)严格控制设计方案变更。

(3)参与设计合同修改、补充设计合同的确定,应着重考虑费用控制的有关条款。

(4)定期和不定期地向业主或其委托的实施单位报告设计费用情况。

(5)参与并审核设计最终决算。

5.6 设计成果审查验收

授权主持或参与业主或其委托的实施单位主持的设计施工图、设计书等成果的审查验收,包括总体工程设计的审查验收和单元工程设计的审查验收。审查验收的主要内容为审查设计施工图、设计书等成果是否符合设计合同、设计大纲和有关设计规范等标准的要求;设计施工图、设计书等成果的完整性、合理性、可靠性、科学性和实用性。应特别重视设计对治理恢复对象地质特征的认识程度、工程标准选定的合理性、工程的针对性和适用性、工程功能及其在不同荷载组合条件下的安全性、可靠性、耐久性,工期要求和投资的合理性,以及后期维护的难易程度等。

6 矿山地质环境治理工程施工监理

6.1 施工准备阶段监理

6.1.1 进行设计交底和图纸会审

（1）设计技术交底和图纸会审由业主（其委托的实施单位）主持或授权监理单位主持，由勘查单位、设计单位、施工单位和监理单位负责人和有关人员参加。

（2）由设计单位的项目负责人介绍项目治理恢复的设计总体思路、设计要点和关键工序的技术要求，对各参建单位提出的有关问题进行逐一解答，并形成结论意见。

（3）施工单位在会前应仔细勘探施工现场，详细研究设计施工图和设计文件内容，根据现场踏勘情况和自身施工经验对设计文件中以及未来施工中存在的疑点和问题向设计单位提出，由设计单位进行逐一解答。

（4）总监理工程师应组织监理人员熟悉设计文件，对于设计深度不满足施工要求以及图纸中存在的问题，项目监理机构应向业主或其委托的实施单位提出书面意见和建议。

（5）监理单位负责整理设计交底会议纪要，由业主（其委托的实施单位）、设计单位、监理单位和施工单位与会人员签字确认。

6.1.2 召开第一次工地会议

（1）工程项目开工前，由业主或其委托的实施单位主持召开第一次工地会议，会议参加人员包括业主或其委托的实施单位项目负责人与驻现场代表、全体监理人员、承包单位主要负责人及有关人员。

（2）第一次工地会议包括以下主要内容：

①业主或其委托的实施单位根据委托监理合同宣布对总监理工程师的授权。

②业主或其委托的实施单位、承包单位、监理单位分别介绍各自的组织机构、人员及分工。

③业主或其委托的实施单位介绍项目总体情况、开工准备情况和对参建各方的要求。

④承包单位介绍施工准备情况和施工总体计划与安排。

⑤业主或其委托的实施单位和总监理工程师对施工准备情况和施工提出意见和要求。

⑥总监理工程师进行监理交底，交底内容包括：明确适用于本项目的国家有关工程监理的政策、法令、法规；阐明监理、承包合同中约定的各方权利、义务和责任；介绍监理规划的主要内容（监理工作制度、流程和方法）；提出报审的要求和工程资料的管理要求。

⑦研究确定各方在施工过程中参加工地例会的主要人员，召开工地例会的周期、地点

及主要议题。

（3）第一次工地会议纪要应由项目监理机构负责起草，并经与会各方代表会签，分发各有关方。

6.1.3 督促监理质量保证体系

（1）督促承包单位在合同工程开工前，按施工合同规定，完成施工质量管理组织、质量检测（检验、测量）机构的组建，完成质量保证体系文件编制，完成施工质量检查员、检测员的岗位培训和业务考核。

（2）承包单位的质量管理、质量检测机构及其人员，应按合同规定的程序、方法、检测内容与检查频率，将全部时间用于工程施工质量控制、检测、检查和质量记录等管理，并接受项目监理机构的检查与监督。

（3）工程施工质量保证体系的质量目标是保证施工质量满足合同、设计、规范等标准的技术要求。

（4）承包单位应有满足施工质量检测要求的现场试验室或委托由政府质监部门颁发的具有相应资质的试验室。

（5）承包单位的质量管理组织、质量检验机构、施工测量机构及施工质量检查员和施工质量检测机构操作人员的资质，应报经监理机构审批和认可。

（6）合同责任。监理机构对工程承包单位施工质量活动的审查、检查、认证与批准，不能免除或减轻承包单位应承担的合同质量责任。

6.1.4 审查施工组织设计（施工方案）

（1）承包单位应在开工前报送施工组织设计（施工方案），并填写"施工组织设计（施工方案）报审表"。总监理工程师组织专业监理工程师进行审查，并提出审查意见，经总监理工程师审核、签认后报业主或其委托的实施单位。

（2）审核的主要内容：

①承包单位的审批手续是否齐全、有效。

②承包单位现场项目部的质量管理体系、安全监控体系、技术管理体系和质量保证体系是否健全。

③施工组织和施工平面布置是否合理，施工方法是否可行，质量保证体系是否可靠并具有针对性。

④工期安排是否满足承包合同要求，进度计划是否满足项目总体进度计划要求，所需材料、设备的配置及人力的组织、安排与进度计划是否协调。

⑤季节施工方案和专项施工方案的可行性、合理性和协调性，施工内容中是否存在危险性较大的分项分部工程。如果有，则应承包单位要求按照关于印发《危险性较大的分部分项工程安全管理办法》的通知建质〔2009〕87 号文的具体要求组织专家对专项施工方案进行论证。

⑥总监理工程师认为应审核的其他内容。

（3）施工组织设计和施工方案在实施过程中，承包单位如需做出较大变动，仍应经总监理工程师审核同意后方可执行。

6.1.5 审查开工条件

6.1.5.1 项目开工

项目第一个准备开工的合同承包单位完成开工准备后,应向项目监理机构提交开工申请。项目监理机构经检查确认,业主或其委托的实施单位和承包单位的施工准备满足开工条件后,专业监理工程师应审查承包单位报送的"工程开工/复工报审表"及相关资料。

6.1.5.2 合同开工

(1)承包单位应按照承包合同约定的期限及时调遣人员和施工设备、材料进场,进行施工准备。

(2)项目监理机构应协助业主或其委托的实施单位按照承包合同约定向承包单位提供施工条件,包括施工用地、道路、测量基准点、取土场地以及供水、供电、通信设施等。

(3)承包单位完成开工准备后,应向项目监理机构提交开工申请。项目监理机构经检查确认业主或其委托的实施单位和承包单位的施工准备满足开工条件后,签发"工程开工/复工报审表",并报业主或其委托的实施单位。

(4)项目监理机构应核查下列开工条件:

①设计和施工图纸满足施工需要。

②施工用地拆迁工作已经完成,测量基准点已经移交,承包单位在测量基准点基础上完成了施工测量控制网的布设和施工定位测量,以及必须的开工前原状地形图的测绘。

③承包合同中约定应由业主或其委托的实施单位提供的场地、道路、供电、供水、通信等条件已经满足初期工程开工的基本要求。

④按承包合同约定首次工程预付款已经支付。

⑤承包单位派驻现场的主要管理、技术人员数量及资格与承包合同文件一致,如有变化,应重新审查并报业主或其委托的实施单位认定。

⑥承包单位进场施工设备的数量和规格、性能符合承包合同约定要求。

⑦承包单位的质量保证体系、施工安全、环境保护措施、规章制度及关键岗位施工人员的资格符合要求。

⑧承包单位的施工组织设计(施工方案)、施工进度计划、资金使用计划和单位工程划分等技术文件已提交给项目监理机构审批。

⑨对进场原材料进行检查,确保进场材料满足工程开工及施工所必要的储存量,并符合规定的技术品质和质量标准要求。对检查不合格的材料应撤离工地。

⑩对项目施工前的原始记录和摄像资料获取工作已经完成,原始影像资料应予以保留。

(5)项目监理机构应按照有关工程施工质量验收规程的要求对承包单位上报的项目单位工程划分进行审查,征得业主或其委托的实施单位同意后,报管理部门认定。

(6)由于承包单位原因使工程未能按承包合同约定时间开工的,项目监理机构应通知承包单位在约定时间内提交赶工措施报告并说明延误开工的原因。

(7)由于业主或其委托的实施单位原因使工程未能按承包合同约定时间开工的,项目监理机构在收到承包单位提出的顺延工期的要求后,应立即与业主或其委托的实施单位和承包单位共同协商处理。

6.1.6 发布工程开工令

项目监理机构应根据施工合同和委托监理合同规定,在施工准备查验合格后,签发施工单位报送的"工程开工申报表"和相关文件,由总监理工程师签发"工程开工报告表"和开工令,并抄送业主或其委托的实施单位。

工程开工令是合同工程起算工期的依据。

6.2 工程质量控制

6.2.1 工程质量监理的依据

(1)工程施工承包合同文件。
(2)工程设计文件与相关图纸。
(3)国家或部门颁布的工程管理法规与行政法规。
(4)国家或部门颁布的技术规范等标准。
(5)主管部门下达的有关要求。

6.2.2 工程质量控制的原则

(1)以设计文件、施工及验收规范、工程质量验评标准等为依据,督促承包单位严格按照设计要求进行施工,全面实现承包合同约定的质量目标,保证工程治理和恢复效果。
(2)对工程项目施工全过程实施质量控制,以质量预控为重点。
(3)对工程项目的人、机、料、法、环等因素进行全面控制,监督承包单位的质量保证体系落实到位。
(4)坚持不合格的材料、构配件和设备不准在工程上使用。
(5)坚持上一道工序质量不合格或未进行验收签认,不得进入下一道工序施工。

6.2.3 原材料、构配件和工程设备的控制

(1)对于工程上使用的原材料、构配件和工程设备,项目监理机构应督促承包单位按有关规定进行检验,并将检验结果、材料合格证明等随"材料/构配件/设备进场报验表"报监理机构签认。
(2)对于需要进行复试的进场原材料,应由监理人员进行见证取样,经检验合格后方可使用;经检验不合格的材料,应督促承包单位运离现场,严禁将不合格的材料用于工程。
(3)对于承包单位采购的工程设备,项目监理机构应参加交货验收;对于项目承担单位或其委托的项目实施单位提供的设备,项目监理机构应会同承包单位参加交货验收。验收合格并由项目监理机构签认后方可使用。

（4）原材料、构配件和工程设备质量控制基本程序及方法如图 6-1 所示。

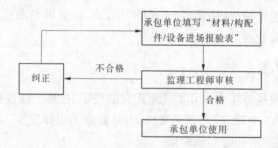

方法：①审核证明材料；②到厂家考察；③进场材料检验；④进行见证取样复试。

图 6-1　原材料、构配件和工程设备质量控制基本程序及方法示意图

（5）材料复试检验要求。

①对于钢筋、水泥、块石、砂、碎石等原材料，进场后应由监理人员见证现场取样进行复试，经检验合格后方可用于治理工程使用。

②监理现场见证人员根据取样情况认真填写"见证取样单"，并由承包单位取样人员和监理见证人员共同签认。

③施工中所用砂浆、混凝土等材料，施工前应由监理人员见证取现场原材料根据设计强度等级进行配合比试验，确定配合比标准。施工中依据配合比标准进行配比，并由监理人员见证现场对正在使用的材料进行随机取样制作试块，按照要求条件养护，达到龄期后送试验室进行强度检测。

④原材料检验批次要求。

水泥检验批次：对同一厂家生产的同日期出厂的同品种、同强度等级、同一出厂编号的水泥为一个验收批进行取样复试，但一个验收批总量不得超过 500 t。

钢筋检验批次：以同一牌号、同一炉罐号、同一规格、同一生产工艺，在同一时间，进入同一施工现场，每批质量不大于 60 t 的钢筋为一检验批次。

砂检验批次：应以在施工现场堆放的同产地、同规格分批验收，以 400 m^3 或 600 t 为一验收批，不足上述数量者以一批计。对于一次进场数量较少，且随进随用者，当质量比较稳定时，可以一个月为一个周期、以 400 m^3 或 600 t 为一检验批，不足者亦为一个批次。

粉煤灰检验批次：以相同等级、同一出厂、同一规格、连续大批量进入施工现场的 200 t 为一批，不足 200 t 亦按一批验收；对于连续小批量进入施工现场的，三个月检验一次定为一批。

卵石（碎石）检验批次：应以在施工现场堆放的同产地、同规格分批验收，以 400 m^3 或 600 t 为一验收批，不足上述数量者以一批计；对于一次进场数量较少，且随进随用者，当质量比较稳定时，可以一个月为一周期，以 400 m^3 或 600 t 为一检验批，不足者亦为一个批次。

石材检验批次：同一品种、等级、规格的板材，大理石 ≤100 m^2，花岗岩石 ≤200 m^2 为一批次。

烧结普通砖检验批次：进入施工现场同一生产工艺、同一强度等级、同规格烧结普通砖为一检验批，不超过 15 万块为一检验批次。

砂浆检验批次：每 250 m³ 砌体中的各种强度等级的砂浆，每台搅拌机应至少检查一次，每工作班取样至少一次，每次至少应制作一组试块。如果砂浆强度等级或配合比变更时，还应另做试块。每次取样标养试块至少留置一组，同条件养护试块由施工情况确定。

混凝土检验批次：混凝土试样应在混凝土浇筑地点随机取样，现场搅拌时每拌制 100 盘且不超过 100 m³ 的同配合比其取样不少于一次，拌制的同配合比不足 100 盘时取样不少于一次。对于商品混凝土每一单位工程的验收项目中同配合比混凝土取样不少于一次。

拌和用水检验批次：以每一单位工程为一检验批次。

(6)新材料、新工艺等签认。

当承包单位采用新材料、新工艺、新设备时，监理单位应要求承包单位报送相应的施工工艺措施和证明材料，并组织专题论证，经审定后予以签认。

(7)抗滑桩、护坡桩检测要求。

采用抗滑桩、护坡桩等治理工程措施时，施工前要求承包单位编制专项施工作业书，施工完成龄期满后可采用低应变反射法、钻孔取芯法、预埋管声波透射法或设计单位提出的其他有效方法对桩身质量进行检测，并应符合下列规定。

①低应变反射法检测：单桩工程 100% 抽检，其他单位工程不少于总桩数的 20% ~ 30%，且不少于 20 根。

②钻孔取芯法检测：同一单位工程，取总桩数的 10% ~ 30%，且不少于 5 根。桩径小于 1.2 m 的桩，宜一桩一孔；桩径 1.2 ~ 1.6 m 的桩，宜一桩两孔；桩径大于 1.6 m 的桩，宜一桩三孔。

③预埋管声波透射法检测：钻孔取芯法检测应进行单孔或跨孔声波检测，评定按国家现行有关标准执行。对低应变反射法检测结果有怀疑的灌注桩，应采用取芯法进行补充检测。

(8)预应力锚杆、喷锚支护结构检测要求。

当采用预应力锚杆、土钉墙等治理工程措施时，施工前要求承包单位编制专项施工作业书，施工中按要求制作试块对浆体强度进行检测，施工完成、锚固体达到强度要求后进行抗拉(拔)承载力检测。

①试块制作要求。

预应力锚杆、支护土钉施工时现场应对锚固体浆液随机取样制作试块，数量为每 30 根锚杆(土钉)不应少于一组，每组试块不应少于 6 个。

土钉墙施工时应现场对面层喷射混凝土随机取样制作试块，每 500 m² 喷射混凝土面积的试块数量不应少于一组，每组试块不应少于 3 个。

②抗拔承载力检测要求。锚杆抗拔承载力检测试验应在锚固体强度达到 20 MPa 或达到设计强度的 80% 后进行，土钉抗拔承载力检测试验应在锚固体强度达到 15 MPa 或达到设计强度的 75% 后进行。锚杆检测数量不应少于总数的 5%，且同一土层中锚杆检测数量不应少于 3 根；土钉检测数量不应少于总数的 1%，且同一土层中土钉检测数量不应少于 3 根。

③喷射混凝土面层厚度检测要求。应对喷射混凝土面层厚度进行检测，每 500 m² 喷

射混凝土面积的检测数量不应少于一组,每组的检测点不应少于 3 个,全部检测点的面层厚度平均值不应小于厚度设计值,最小厚度不应小于厚度设计值的 80% 。

(9)监理平行检测、跟踪检测要求。

监理平行检测的检测数量,一般项目试样不应少于承包人检测数量的 3% ,且重要部位最少检测 1 组;重要试样不应少于承包人检测数量的 5% ;重要部位至少取样 3 组。

跟踪检测的检测数量,一般项目试样不应少于承包人检测数量的 7% ;重要试样不应少于承包人检测数量的 10% 。平行检测和跟踪检测工作都应由具有国家规定的资质条件的检测机构承担。平行检测的费用由发包人承担。

6.2.4 施工过程质量控制

(1)审查承包单位的专项施工方案和作业指导书,对危险性较大的分部分项工程专项施工方案要求承包单位组织专家进行论证,督促承包单位严格按照专项施工方案和作业指导书进行施工。

(2)项目监理机构应督促承包单位完善质量检查体系,对各道工序严格进行自检,并按规定向项目监理机构提交相关资料。

(3)项目监理机构应加强对施工过程的巡视和检查,采用现场察看、查阅施工记录、旁站以及抽检等方式对施工质量进行严格控制;对发现的质量问题或影响工程质量的行为以及各种违章作业行为发出调整、制止、整顿其至暂停施工的指令。

(4)旁站监理与跟踪监理。项目监理机构应编制旁站方案,明确旁站控制点和控制措施,对工程的重要部位、隐蔽工程的隐蔽过程、下一道工序施工完后难以检查的部位进行旁站监理,及时发现和处理施工中出现的问题。施工中项目监理机构应以分项工程为基础,以工序控制为重点,进行全过程旁站、跟踪监理,并认真做好记录。

①对全部工程(特别是隐蔽工程、重要工程)的所有部位及其工艺、材料、设备等进行检查和检验,包括现场检查、查阅施工记录、现场取样试验,设备性能检测和工程复核测量等,并要求承包单位提供试验和检测成果。

②责令承包单位停止不正当的或可能对工程质量、安全造成损害的施工(试验、检测)工艺、措施、作业方式和其他各种违章作业行为。

③责令承包单位停止不合格材料、设备、设施的安装与使用,并予以更换。

④责令承包单位对不合格工序进行补工或返工处理。

⑤对承包单位施工质量管理中严重失察、失职、玩忽职守、伪造记录和检测资料,或造成质量事故的责任人员,予以警告、处罚、撤换,直至退场。

⑥责令多次严重违反作业规程,经指出后仍无明显改进的作业班、组,停工整顿、撤换,直至退场。

⑦责令承包单位按合同要求对完工工程进行养护、维修和缺陷修复。

⑧行使监理合同授予的其他指令权。

(5)对施工过程中出现的质量缺陷,专业监理工程师应及时下达监理通知单,要求承包单位及时进行整改,并检查整改结果。如发现施工中存在重大质量隐患,可能造成质量事故或者已经造成质量事故,由总监理工程师及时下达工程暂停令,要求承包单位停工整改;整改完毕经监理人员复查符合规定要求后,由总监理工程师签署"工程复工报审表"。下令停工和复工均需事先通知项目承担单位或其委托的项目实施单位。

6.2.5 工程质量检验与验收

（1）承包单位应首先对工程施工质量进行自检。未经承包单位自检或自检不合格、自检资料不完善的工序,项目监理机构有权拒绝检验。

（2）项目监理机构对承包单位经自检合格后报验的工序质量,应按有关技术标准和承包合同约定的要求进行检验,检验合格后方可予以签认。

（3）工程完工后需覆盖的隐蔽工程、工程的隐蔽部位,应经项目监理机构验收合格后方可覆盖。

（4）在工程设备安装完成后,项目监理机构应督促承包单位按规定进行设备性能试验,并提交设备操作和维修手册。

（5）承包单位完成合同工程并完成自检,由项目监理机构按单位工程进行资料审核和现场检查,符合要求后对承包单位报送的验收申请予以签认。

（6）工程质量检验。工程质量检验应按分项工程(工序)、分部工程和单位工程分级进行。

①不合格的分项工程(工序)应返工或补工合格,并取得监理单位的签认后方能进入下一道工序或后一分项工程的开工。

②分项工程质量检验。一般分项工程的质量检验由施工单位组织进行,并报监理单位检查、签认。隐蔽工程和重要关键部位及关键工序的分项工程,施工单位在自检合格后报监理单位,由项目承担单位或其委托的项目实施单位(或监理单位)组织勘查、设计、施工、监理等各参建单位代表联合检查评定。

③分部工程质量检验。分部工程质量检验在所有分项工程完工后并经质量检验合格后进行。施工单位在自检合格且经运行功能正常后填写分部工程报审表,由监理单位组织施工单位进行检查评定,检验合格后项目总监签署分部工程质量认可书。

④单位工程质量检验。单位工程质量检验在所有分部工程完工并经质量检验合格后进行。由项目业主或其委托的实施单位(或监理单位)组织勘查、设计、施工、监理等各参建单位代表联合检查评定。验收合格后由勘查单位、设计单位、施工单位、监理单位和业主或其委托的实施单位共同签署单位工程质量评定表。

应进行中间或阶段验收的工程项目,工程验收在应完工的分部(分项)工程或其部分工程完工并经质量检验合格的基础上进行。

⑤工程竣工验收。工程竣工验收在各单位工程完工并经质量检验合格,且经过一个汛期(若有植物等生物,工程要经过一年)的时间检验,其工程质量和治理效果达到设计要求后进行。由业主或其委托的实施单位组织勘查、设计、施工、监理等各参建单位项目负责人参加,并组织国土资源部门相关专家参加对项目的验收。验收一般分初次验收和最终验收两次进行,验收合格后由验收专家出具项目验收意见,报国土资源部门审批并备案。

合同工程竣工验收完成后,由承包单位填报"竣工移交证书",由承包单位、业主或其委托的实施单位和监理单位共同签署。在国土资源部门的监督下,依据相关规定将工程移交给工程所在地的当地政府,移交内容包括工程移交和资料移交。工程移交后,接管单位全面负责工程的维护工作,确保工程长期发挥作用。

⑥工程质量验收的基本程序如图 6-2 所示。

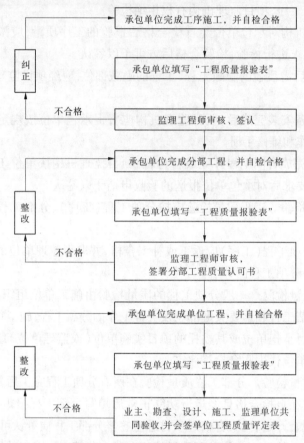

图 6-2 工程质量验收的基本程序

(7)工程质量缺陷处理。因施工过程或工程养护、维修和照管等原因导致发生工程质量缺陷时,监理单位应责令施工单位及时查明质量缺陷的范围和数量,分析发生的原因,提出缺陷修复和处理措施,经批准后及时处理。

工程质量缺陷处理措施和方法,应满足工程质量控制指标和验收标准。

(8)质量事故处理。当某项工程在施工期间(包括缺陷修补责任期间)出现了技术规范等标准所不允许的裂缝、倾斜、倒塌、沉降、强度不足、功能不满足等情况,以及治理恢复对象灾情进一步严重、环境继续恶化时,应视为质量事故。对质量事故,监理单位应按如下程序进行处理:

①责令施工单位立即暂停工程施工,并采取有效的安全措施。

②要求施工单位尽快提出事故报告,并报告项目承担单位或其委托的项目实施单位。质量事故报告应详细反映该工程的名称、事故部位和原因、应急措施、处理方法、控制效

果、未来变化趋势和损失费用等。

③在组织有关单位对质量事故现场进行检查、分析、测试和验算的基础上,对施工单位提出的处理方案予以审查、修正。要求施工单位组织行业专家对处理方案进行论证,经专家论证通过后对处理方案批准,并督促实施。

④对施工单位提出的有争议的质量事故责任进行判定。判定时应全面审查有关施工记录、设计资料和地质现状,还应该进行地质勘查和检验测试,必要时由相关部门组织专家对质量事故进行评定。在分清技术责任时,应明确事故处理的费用数额、承担比例及支付方式。

6.3 施工进度控制

6.3.1 施工进度监理的任务

(1)协助业主或其委托的实施单位编制工程控制性总进度计划。

(2)审查施工单位报送的施工进度计划。

(3)对工程进展及进度实施过程进行控制。

(4)按合同规定受理施工单位申报的工程延期申请。

(5)向业主或其委托的实施单位提供关于施工进度的建议及分析报告。

(6)依据合同规定,向业主或其委托的实施单位定期编报工程进度报表。

6.3.2 施工进度控制的原则

(1)工程各项进度均需满足项目总体进度目标的要求。

(2)工程进度控制的依据是建设工程承包合同所约定的工期目标。

(3)在确保工程质量和安全的原则下控制进度。

(4)应采用动态控制方法,进行主动控制。

6.3.3 施工进度控制的程序

施工进度控制的程序如图6-3所示。

6.3.4 施工进度控制的内容和方法

6.3.4.1 控制性总进度计划

(1)项目监理机构应在工程项目开工前依据立项审批文件和承包合同约定的工期目标、阶段性目标等,协助业主或其委托的实施单位编制项目控制性总进度计划,确定项目节点工期和里程碑。总进度计划和里程碑是各合同工程进度控制的依据。

(2)随着工程进展和施工条件的变化,项目监理机构应及时提请业主或其委托的实施单位对控制总进度计划进行必要的调整。

6.3.4.2 审批施工进度计划

(1)项目监理机构应在合同工程开工前依据控制性总进度计划审批承包单位提交的

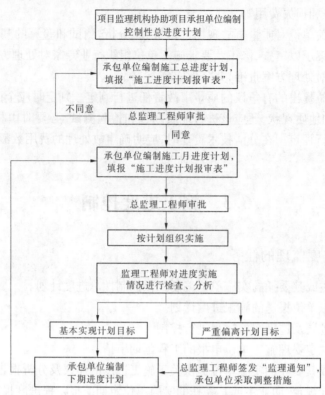

图 6-3　施工进度控制的程序

施工总进度计划。施工总进度计划应依据承包合同的约定,按施工期的实际情况编制。在施工过程中,应编制月进度计划报项目监理机构审批。

（2）施工进度计划审批的主要内容如下:

①在施工进度计划中有无项目内容漏项或重复的情况。

②施工进度计划与合同工期和控制性总进度计划目标的响应性与符合性。

③施工进度计划与施工条件、环境因素是否存在冲突。

④本施工项目与其他各合同段相关施工项目之间的协调性。

⑤施工进度计划中各项工作内容之间逻辑关系的正确性与施工方案的可行性。

⑥施工进度计划实施过程的合理性。

⑦人力、材料、构配件、工程设备供应计划与施工进度计划的衔接关系,及与施工强度的合理性。

⑧施工进度计划的详细程度和表达方式的适宜性。

⑨对项目承担单位或其委托的项目实施单位提供施工条件要求的合理性。

⑩其他应审查的内容。

（3）施工进度计划的审批程序。

施工进度计划是项目监理机构批准工程开工的重要依据。项目监理机构应在合同规定和满足施工需要的合理时间内完成审批。审批程序为:

①详细阅读计划文件,列出存在问题,进行调查和了解,必要时约请项目承担单位或

其委托的项目实施单位和勘查、设计、施工等各参建单位针对存在问题进行讨论、研究和澄清。

②提出问题,与承包单位进行讨论、协商和澄清。

③对有关问题和可能遇到的问题进行分析、研究。

④向承包单位提出修改意见。

⑤审查承包单位修改后的施工进度计划。

(4)施工进度计划的批准。

①业主或其委托的实施单位批准。当施工进度计划涉及对施工合同工期控制目标的调整或合同条件的变化,或可能导致支付能力不足的情况时,项目监理机构在批准前应征得业主或其委托的实施单位批准。

②监理单位批准。项目监理机构在施工合同规定的时限内,以合同规定的程序与方式,对承包单位报送的施工进度计划提出明确的审批意见;对于应报批的进度计划文件,若承包单位在合同规定的期限内未收到监理机构的审批意见,可视为已报经批准。

③合同责任。项目监理机构对施工进度计划的审查与批准,不能免除承包单位对施工合同工期应承担的义务与责任。

6.3.4.3 控制施工进度的方法

(1)项目监理机构督促承包单位编制好施工进度计划,包括总进度计划和年、季、月进度计划。施工进度计划的主要内容包括:

①申报开工或施工进展中项目的工程概况。

②拟采用的施工方法和主要设备台班或台时生产定的指标分析,主要材料消耗情况和消耗定额指标分析。

③重要工序或控制工作作业循环时间分析。

④已投入和计划投入的技术、工程劳动力、设备、材料等配置情况,工程设备的安装、交货时间和使用要求。

⑤已完成的施工进度形象和下期计划完成的控制性施工进度形象。

⑥资金配置计划,累计合同价款结算情况和下期预期完成的合同支付额。

⑦带逻辑关系的施工进度横道图表,包括单位、分部、分项工程,合同报价工作量,累计完成工作量,作业时段计划完成工作量,以及主要分项工程分月分旬施工强度。

⑧关键路线网络进度分析。

⑨施工进度计划控制措施。

⑩其他需要说明的事项或需要报送的材料。

(2)项目监理机构应督促承包单位做好施工组织管理,确保施工资源的投入,并按批准的施工进度计划实施。

(3)项目监理机构应对施工进度计划的实施全过程,包括施工准备、施工条件和进度计划的实施情况,进行定期检查,对实际施工进度进行分析和评价,对关键路线的进度,实施重点跟踪检查。

(4)项目监理机构应根据施工进度计划,采用工地例会、专题会议等方式,协调各合同段承包单位之间的关系,及时发现、解决影响工程进度的干扰因素,促进施工项目的顺利开展。

(5)监理机构应在监理月报中,向业主单位报告施工进度和所采取进度控制措施的执行情况,并且提出合理预防由业主单位原因导致的工程延误及其相关建议。

(6)当实际工程进度与施工进度计划发生了实质性的偏差时,项目监理机构应要求承包单位采取必要的措施,并及时调整施工进度计划。当发现实际进度滞后于计划进度时,应签发通知单指令承包单位采取赶工措施;当发现实际进度严重滞后于计划进度时,应及时报告业主或其委托的实施单位,商定采取措施。

(7)项目监理机构应公正、公平地处理工程变更所引起的工期变化。必须延长工期时,承包单位应填报"工程延期报审表"报项目监理机构和业主或其委托的实施单位审批,并相应调整进度计划。

(8)施工进度计划的调整使总工期目标、各阶段目标、资金使用等发生较大的变化时,项目监理机构应提出处理意见报业主或其委托的实施单位批准。

6.3.4.4 进度计划延期

因业主或监理机构的原因,或施工单位在施工过程中遇到不可预见或不可抗拒的因素,导致施工进度延期,并经批准延期后,监理机构应要求承包单位调整原来的施工进度计划,并按照调整后的进度计划施工。

6.3.4.5 进度计划延误

因承包单位的原因造成施工进度延误,且拒绝接受监理单位加快施工进度的指令;或虽采取了加快施工进度计划的措施,仍然不能赶上预期的施工进度,将使工程在合同工期内难以完成时,项目监理机构应对承包单位的施工能力重新审查和评价,并应发出书面警告,同时向业主或其委托的实施单位提出书面报告,必要时建议对工程的一部分实行强制分割,或考虑更换承包单位。

6.4　工程费用监理

6.4.1　工程费用监理的任务

(1)根据批准的工程施工控制性进度计划及其分解的目标计划,协助项目承担单位或其委托的项目实施单位编制年度、月份或单项工程合同费用支出计划。

(2)审议工程变更、工期调整申报的经济合理性,并提出意见。

(3)进行已完成实物工程量的支付计量,并将施工过程中工程费用计划值与实际值进行比较分析。

(4)根据施工合同规定,受理合同索赔。

(5)合同支付审核与结算签证。

(6)根据施工合同规定和业主或其委托的实施单位授权,进行合同价格调整。

(7)协助业主或其委托的实施单位进行工程竣工结算。

6.4.2　工程造价控制原则

(1)应严格执行施工合同所约定的合同价、单价、工程量计算规则和工程款支付方法。

(2)对与合同文件约定不符的工程量、报验资料不齐全或未经监理工程师质量验收合格的工程量不予计量和审核。

(3)工程量与工程款的审核在合同所约定的时限内完成。

(4)公正、合理地处理由于工程变更和工程延期引起的费用增减问题。

(5)对有争议的工程量计算和工程款支付,及时与业主或其委托的实施单位、承包单位及相关方进行协商,协商取得一致后,由总监理工程师签发支付证书;协商无效时,可执行承包合同约定的有关争议解决的条款。

6.4.3　工程计量内容

(1)工程开工前,承包单位按有关规定或承包合同约定对原始地面及计量起始地形进行测量,填写"施工测量报验表",报项目监理机构审批。

(2)承包单位对已验收合格的工序(单元工程)应及时向项目监理机构提交"工程计量报验单",项目监理机构应审查计量项目、范围、方式和测量器具的有效性,若发现问题,或不具备计量条件,应督促承包单位进行修改和调整,直至符合计量条件,方可统一进行计量。

(3)对承包单位以记日工方式完成的工作内容,应填写"记日工工程量签证单",并报项目监理机构和业主或其委托的实施单位签认。

(4)项目监理机构应委派监理工程师在现场对承包单位所完成的工程量进行计量;或监督承包单位的计量过程,确认计量结果;或依据承包合同、监理合同的约定进行抽样复核。

(5)项目监理机构应及时建立月完成工程量和工作量统计表,以便对实际完成量进行分析、比较,制定调整措施,并在监理月报中向业主或其委托的实施单位报告。

(6)当承包单位完成合同内各单位工程的每个计价项目的全部工程量后,项目监理机构应要求承包单位与其共同对每个项目的历次计量报表进行汇总和总体量测,核实合同项目的最终计量工程量。

6.4.4　工程款支付内容

(1)工程预付款的支付方式。承包单位填报"工程款支付申请表"报项目监理机构,经项目监理机构审核,确认符合工程施工承包合同的约定,由总监理工程师签发"工程款支付证书"。工程预付款应按合同约定及时扣回。

(2)工程进度款的支付。

①承包单位按承包合同约定的付款方式和时限,根据已签认的"工程计量报验单"和"记日工工程量签证单",填报"工程款支付申请表",由项目监理机构审核签认后报业主或其委托的实施单位审批。

②工程变更费用随工程进度款一同支付,承包单位应根据承包合同约定的工程变更款和现场签证费用的支付条款,填报"工程款支付申请表",并附"工程变更单",由项目监理机构审核签认后报业主或其委托的实施单位审批。

③项目监理机构依据合同文件、国家和地方有关规定、预算定额进行审核,确认应支付工程款的额度。

④项目监理机构根据已审批的"工程款支付申请表",由总监理工程师审核、签署"工程款支付证书",报业主或其委托的实施单位审批。

6.4.5 工程计量与工程款支付程序

(1)承包单位统计经项目监理机构质量验收合格的工程量,按合同的约定填报"工程量清单"和"工程款支付申请表"。

(2)监理工程师进行现场计量,按施工合同的约定审核"工程量清单"和"工程款支付申请表",报总监理工程师审定。

(3)总监理工程师签署"工程款支付证书",报业主或其委托的实施单位。

6.4.6 竣工结算内容

(1)承包单位完成所有合同项目内容,经项目监理机构、业主或其委托的实施单位组织有关各方验收合格后,承包单位应在规定的时间内向项目监理机构提交"竣工结算报表"。

(2)监理工程师应及时对完成的"工程量清单"和"工程款支付申请表"进行审核,提出审核意见,由总监理工程师签署"竣工结算工程款支付证书",报业主或其委托的实施单位审批。

6.4.7 竣工结算程序

(1)承包单位应按施工合同规定填报"竣工结算报表"。

(2)监理工程师根据设计文件、施工合同审核承包单位报送的"竣工结算报表"。

(3)总监理工程师审定"竣工结算报表",与业主或其委托的实施单位、承包单位协商一致后,签发竣工结算文件和最终的"工程款支付证书",报业主或其委托的实施单位。

6.4.8 工程变更与支付

(1)在项目实施过程中发生的工程变更,应由承包单位填写"工程变更申请单"提交项目监理机构和原设计单位进行审批;必要时,由业主或其委托的实施单位委托原设计单位编制设计变更文件,并组织专家对设计变更文件进行评审。

(2)工程变更文件由相关各方签认后,方可转承包单位实施,否则项目监理机构不予计量。

(3)若工程变更涉及范围较大、变更费用较高,应由业主或其委托的实施单位报原设计审批部门审批。

(4)项目监理机构应从工程造价、工程功能要求、治理效果和工程质量、工期等方面,慎重审查工程变更方案。在工程变更实施前与业主或其委托的实施单位和承包单位协商确定工程变更的价款及其支付。

(5)实施工程变更发生增加或减少的费用,由承包单位依据承包合同或协商的价款填写"工程款支付申请表",在承包合同或协商的时间内报项目监理机构审核,由总监理工程师与业主或其委托的实施单位协商后,报业主或其委托的实施单位审批。

6.4.9 工程价格调整

(1)项目监理机构应按施工合同规定的程序和调整方式,协助项目承担单位或其委托的项目实施单位及时办理合同价格调整。

(2)当业主或其委托的实施单位与施工单位因价格调整发生争议时,监理机构应依据合同规定,认真协商与协调,或在合同双方长久不能协商一致时根据实际情况,客观、公正地做出调解决定,经双方认可。

6.4.10 合同中止后支付

当遇到施工合同规定的特殊风险等原因,导致施工合同中止时,监理机构应按合同规定,协助业主或其委托的实施单位及时办理合同中止后的工程接收、中止日前完成估价与工程支付,签发支付证书,使施工单位能就合同中止前所应得到而未予支付的下列费用得到合理的支付:

(1)已按合同规定完成的全部工程费用。

(2)为合同工程施工合理采购的符合质量要求的材料、设备及货物费用。

(3)施工单位撤离及人员遣返费用。

(4)因合同中止给施工单位造成的损失或损害款额。

(5)按施工合同规定施工单位应得到的其他费用。

若施工合同的终止是因为施工单位违约所造成的,施工单位仅有权得到上述(1)、(2)两项费用的支付。

6.4.11 保留金支付

工程竣工通过验收并签发"工程移交证书"后,监理机构应协助业主或其委托的实施单位及时把合同规定的保留金的一部分付给承包单位,并签发支付证书。

在工程缺陷责任期满之后,监理机构应协助业主或其委托的实施单位及时把剩余部分保留金付给承包单位,并签发支付证书。若还有部分剩余工程或缺陷需要处理,监理机构仍有权扣留与工程处理费用相应的保留金余款的支付签证,直到此部分处理工程或工作最终完成。

6.5 施工安全与环境保护监理

6.5.1 施工安全监理

(1)工程开工前,项目监理机构应要求、督促承包单位按照施工承包合同规定,建立施工安全管理组织和安全保障体系,并及时向项目监理机构反馈施工作业的安全事项。

(2)项目监理机构应根据工程监理合同规定,建立施工安全监理制度,制定施工安全管理措施,必要时设置安全监理工程师,加强对施工安全作业行为进行检查、指导与监督。

(3)工程开工前,项目监理机构应要求承包单位按国家和部门关于施工安全的法规和合同规定,编制施工安全措施和《作业安全规程手册》,报送监理机构审批,并对施工单位安全措施和《作业安全规程手册》的学习、培训及施工安全教育情况进行检查。对危险性较大的分部分项工程,要求承包单位编制专项施工方案,并要求承包单位组织专家对专项施工方案进行论证。

(4)工程施工过程中,项目监理机构应对施工安全措施的执行情况进行经常性的检查,督促承包单位严格按照专项施工方案和作业指导书进行施工。尤其应加强对高空、地下、高压和可能扰动防治对象稳定的施工部位或施工方法,以及其他安全事故多发的施工区域、作业环境和施工环节的施工安全进行检查和监督。

(5)每年汛前和汛期,项目监理机构应协助项目承担单位或其委托的项目实施单位审查设计单位制订的防洪度汛方案和施工单位编写的防洪度汛措施,协助项目承担单位或其委托的项目实施单位组织安全度汛大检查。项目监理机构应及时掌握汛期水文、气象预报,协助业主单位做好安全度汛和防汛防灾工作。

(6)项目监理机构应根据施工合同规定和业主或其委托的实施单位授权,参加施工安全事故的调查和处理。

6.5.2 施工环境保护监理

(1)在工程开工前,项目监理机构应督促承包单位按施工合同规定,编制施工环境管理和保护措施,并在报送监理机构批准后严格实施。

(2)施工过程中,项目监理机构应督促承包单位按施工合同规定,做好施工区外围植物、农作物和建筑物的保护,并使其维持原状。

(3)对施工活动界限之内的场地,施工单位应按施工合同规定,采取有效措施,防止发生对施工环境的破坏,要特别防止对防治对象稳定性恶化的环境破坏。

(4)项目监理机构应督促承包单位按施工合同规定,将工程施工弃渣、废料和生产、生活垃圾运至指定地点,并按合同要求进行处理。

(5)施工用水应尽量循环利用。必须排放的生产和生活废水、废油等,应严格按施工合同规定进行处理,达到排放标准后方准予排放;各种废水严禁进入防治对象内。

(6)项目监理机构应督促承包单位按施工合同规定,对施工过程中以及施工附属企业中噪声严重的施工设备和设施进行消声、隔音处理,或按监理机构指示控制噪声时段和范围,并对施工作业人员进行噪声防护。

(7)进入现场的材料、设备应放置有序,防止任意堆放的器材、杂物阻塞施工场地及其周围的通道,或对安全和环境造成影响。

(8)工程竣工后,项目监理机构应督促承包单位按施工合同规定拆除业主或其委托的实施单位不再需要保留的施工临时设施,并清理场地,恢复植被和绿化。

6.6　工程竣工验收的监理工作

6.6.1　工程竣工验收监理任务

协助业主(或其委托的实施单位)或受其委托,检查工程竣工验收条件是否具备,组织并审查勘查、设计、施工、监测等各参建单位的总结报告和各项验收材料,并编写监理总结报告和有关材料,组织或参与工程竣工验收,保证验收工作顺利进行。

6.6.2　工程竣工验收依据

(1)经过项目主管部门批准的立项文件和工程设计文件,包括工程设计变更文件等。

(2)勘查、设计、施工、监理承包合同。

(3)国家或有关部门颁发的工程管理法规。

(4)国家或有关部门颁发的工程勘查、设计、施工、验收等规范,包括工程质量检验评定标准等。

(5)对治理对象和防治工程的监测资料。

6.6.3　工程竣工验收的阶段和层次

(1)验收阶段。工程竣工验收应分为两个阶段,在工程竣工后进行初步验收,在工程试运行结束后进行最终验收。

(2)验收层次。工程验收分为三个层次:阶段验收、项目承担单位验收和上级主管部门验收。

阶段验收是根据工程启用需要的关键阶段,或施工单位更换,或发生工程停缓实施等重大情况时的验收,上级主管部门、项目承担单位或监理单位认为必要时可以组织阶段验收。三个层次的验收中,均以前一层次的验收为基础。除施工合同另有规定或项目承担单位另有要求,前两个层次的验收应在工程竣工后两个月内进行,若确有困难,由承包单位申报并经业主同意后可适当延长。

(3)工程初步验收包括三个层次的验收,工程竣工验收仅包括后两个层次的验收。

6.6.4　工程竣工初步验收条件

(1)承包单位按工程设计(包括设计变更)完成各项工程量,通过对工程质量进行自检,确认工程质量符合设计文件及合同要求,且符合有关法规和技术规范等。各分项工程(工序)、分部工程、单位工程经监理单位验收质量合格,并进行签认。

(2)承包单位完成项目设计文件和合同文件约定的各项内容,编制项目竣工总结报告,报告应经项目负责人和施工单位法定代表人审核签字。

(3)监理单位对工程进行了质量评估,具有完整的监理资料,并提出包括质量评估内容的监理总结报告,工程监理总结报告应经总监理工程师和监理单位法定代表人审核签字。

（4）勘查、设计单位根据勘查、设计文件及设计变更对施工过程进行了检查，并提出了包括有工程质量检查内容的勘查、设计总结报告，勘查、设计总结报告应经项目勘查、设计负责人和勘查、设计单位法定代表人审核签字。

（5）监测单位有完整的环境监测资料与评估报告。

（6）有完整的技术档案和施工管理资料，并通过了规定部门的验收。

（7）业主已按施工合同的约定支付了工程款。

（8）有审批手续齐全的工程预算、决算书。

（9）在施工过程中上级主管部门责令整改的问题，已全部整改完毕。

6.6.5　工程竣工初步验收监理工作

（1）监理机构应协助业主（或其委托的实施单位）或受其委托，检查工程是否具备验收条件，组织并审查勘查、设计、施工、监测等参建单位的总结报告和各项验收材料，并编制监理工作总结报告和有关材料。

（2）接到承包单位报送的初步验收申请后，总监理工程师应组织对验收条件进行审查，以确定是否同意初步验收。

（3）协助业主（或其委托的实施单位）审查项目结算工作量和结算报告。

（4）协助业主（或其委托的实施单位）制定验收程序，协调相关事项。

（5）提交监理工作总结报告、监理日志和影视图片等相关资料。

（6）总监理工程师组织主要监理人员参与项目验收过程，在野外协助项目承包单位介绍工程实施情况。

（7）在验收会上向主管部门、业主和验收专家做监理工作汇报，提出工程质量等级建议。

6.6.6　工程竣工最终验收条件

（1）工程竣工初步验收合格或验收中存在问题已经整改完成，验收专家出具验收评审意见，并通过主管部门批准。

（2）工程经过一个汛期（若有植树等生物，工程要经过一年）的检验，其工程质量、治理效果达到设计要求。

（3）工程总结报告编制完成，验收资料（包括项目批复文件、开工报审资料、施工报审资料、施工日志、竣工报告、竣工图、照片集、影像资料、监理报告及监理资料、财务决算报告、审计报告、数据库建设）齐全。

（4）工程竣工验收应在工程已进行自查评定的基础上进行，必须具备完整的竣工测量资料及相关图件。

（5）根据工程设计和有关规定，工程达到了要求的试运行期。

（6）工程决算报告已经完成并经过有关部门的审查批准，审查机构出具了项目审计报告。

6.6.7　工程竣工最终验收监理工作

（1）接到施工单位报送的竣工验收申请后，总监理工程师应组织对最终验收条件进行审查，以确定是否同意竣工验收。

（2）协助业主（或其委托的实施单位）审查最终工程量清单和项目决算。

（3）总监理工程师应组织主要监理人员参与工程验收，并在工程验收会议上对监理工作进行汇报，提出工程质量等级建议。

（4）对工程后期移交和维护提出意见和建议。

6.6.8　工程竣工验收程序

初步验收的阶段验收和业主验收按以下程序进行，上级主管部门验收程序可参考该程序或另行制定。

（1）工程竣工后，承包单位向业主或其委托的实施单位提交工程竣工报告，申请工程竣工验收，工程竣工报告应经项目总监理工程师签署意见。

（2）业主或其委托的实施单位收到竣工验收申请后，组织勘查、设计、施工、监理、工程运行管理等单位和其他有关方面的专家、代表组成项目验收组，制订验收方案，并向主管部门汇报。

（3）业主或其委托的实施单位组织、监理单位协助进行竣工验收，具体内容和程序如下：

①业主或其委托的实施单位、勘查、设计、施工、监理、监测单位分别汇报工程合同履行情况和在工程实施各个环节执行法规和技术规范等标准的情况。

②验收组成员审阅业主或其委托的实施单位、勘查、设计、施工、监理及监测单位的工程档案资料。

③到工程现场实地查验工程质量，进行观感打分、实测实量及其必要的试验检查。

④对工程勘查、设计、施工、监理、监测和业主或其委托的实施单位的管理等方面做出全面评价，形成经验收组签署的工程竣工验收意见。

（4）当参与工程竣工验收的业主或其委托的实施单位、勘查、设计、施工、监理等各方不能形成一致意见时，应协商提出解决办法，待意见一致后重新组织验收和复验。必要时，可以由业主或其委托的实施单位邀请一定数量的专家进行技术鉴定。

工程竣工最终验收时可以根据情况适当简化验收程序，重点检查6.6.6条所列条件是否具备。

6.6.9　工程竣工验收总结报告

工程竣工初步验收合格后，业主或其委托的实施单位应及时提出工程总结报告。总结报告的主要内容应包括工程概况，项目来源，项目批复、设计批复与变更情况，项目勘查、设计、施工、监测实施情况及完成实物工作量，项目资金使用情况，对工程勘查、设计、施工、监理、监测等方面评价，项目实施的效果、效益分析，存在的问题及建议，工程后续管理等。总结报告的附件应包括工程竣工报告、监理总结报告、决算报告、审计报告、照片集、影像集等。

6.6.9.1 工程竣工报告及附件资料

项目竣工报告的内容应包括前言,工程概况,矿山主要环境地质问题及矿山地质灾害,治理工程设计概述,施工环境条件,施工组织与管理(包括冬季、雨季施工安全保障措施),施工工艺与质量控制(对各分项工程的各道工序及质量控制进行详述、对隐蔽工程施工工序与质量控制作重点论述),工程质量评述(自检、抽检情况、监理单位认可情况),资金使用情况,数据库建设,工程维护与监测、结论与建议。

附件资料包括开工申请报告,施工日志,施工原始资料,工程文件(资质、初验申请及初验意见、最终验收意见、实施单位资质证书、工程质量保修书、自查报告、工程质量评定表、施工单位检验资料),施测竣工测量图件。

6.6.9.2 监理总结报告及附件资料

工程竣工后,监理单位提交给业主或其委托的实施单位和上级监理主管部门的工程监理总结报告是工程竣工验收的重要依据,要对各分项分部工程、总体工程质量给出是否符合设计的明确结论。其内容应该包括工程概况、监理合同与监理任务概述、监理机构组织与监理大纲概述、监理工作综述(包括监理依据和完成工作量)、工程质量控制、工程进度控制、工程费用控制、工程质量评价、工程中存在的问题与处理措施、对监理工作的评价。

附件资料包括单位与人员资质、监理合同、监理规划或监理大纲、监理日志、监理单位的检验及竣工验收等主要签证的复印件,相关照片集和录像资料。

6.6.9.3 财务决算报告与审计报告

项目竣工后,项目实施单位应及时向有关部门提交项目的财务审计报告,即项目实施单位的财务部门对工程项目资金的收支情况进行的说明和分析,并包括所有原始凭证、票据和明细账等。

项目竣工后,业主或其委托的实施单位应委托审计单位对项目进行审计,并出具审计报告,即由独立的会计事务所或审计部门对工程项目资金的使用情况进行审计,并出具结论、意见。

6.6.9.4 治理工程照片集、影像集

项目实施单位应对工程项目治理区治理前的原始状况、立项批复、勘查设计评审、各分部分项工程每一工序的施工过程、验收过程和治理后状况进行拍照和摄影取证,重点体现治理前后效果影像对比,最后汇集整理,编制成照片集和影像集。

6.6.10 工程质量检验评定

(1)工程质量检验评定是工程竣工验收最重要的基本依据,监理单位应认真组织和做好工程质量检验评定工作。

(2)工程质量检查评定在施工单位工程质量自检的基础上进行,应邀请业主(或其委托的实施单位)、勘查、设计、施工、检测、监理等参建单位参加。

(3)工程质量检验评定应根据工程质量检验评定标准,以分项工程为单元进行。在分项工程评定的基础上,逐级评定各相应分部工程、单位工程的质量。分项工程质量检验

内容,应包括基本要求、实测项目、外观、功能试验、质量保证资料等五个部分。只有在其使用的材料、半成品、成品和施工工艺符合基本要求规定,且无外观缺陷和质量保证资料真实、齐全,才能对分项工程质量进行检验。

①分项工程的基本要求包括有关规范等标准的主要点和对施工质量优劣具有关键作用的部分。应按基本要求对工程进行认真检验,经检验不符合基本要求的不能进行验收;对工程质量具有一票否决的项目,要按有关标准查验试验资料,评定其是否合格,该项目不合格的工程不予验收。

②对分项工程的实测项目,可采用现场抽样方法,按照规定频率对其施工质量直接进行检查评定。

③对分项工程的外观状况进行检查评定时,若发现外观缺陷,应当区分档次进行评定;对于严重的外观缺陷,施工单位应采取适当的措施进行整修处理。

④对分项工程的施工资料和图表,应认真检查,缺少最基本的数据或有伪造涂改者不予检验和评定;资料检查评定为不合格的工程不予验收。

(4)工程质量等级评定可以分为优良、合格和不合格三个等级,也可以分为合格、不合格两个等级,由主管部门规定。但合格、不合格的界限标准应符合防治工程质量检验评定标准。

6.6.11　工程验收后的收尾与交接

竣工验收后监理机构应要求施工单位及时解决工程遗留问题,督促、协助业主单位与施工单位尽快完成工程收尾、移交和其他有关方面的交接工作。工程交接应做到以下两个方面:

(1)工程交接应在现场进行,应交代清工程的重要部位、关键部位、隐患部位、质量缺陷和修补部位,以及运行时需要继续监测的部位。工程交接应有监理机构、施工单位和业主参加,双方交接代表签发工程交接证书。施工单位还应按施工合同规定的时间,抓紧进行令业主满意的竣工现场的清理和地表环境的复原工作。

(2)整理好的工程施工资料等文件(均为原件),经监理机构确认无误后,由施工单位按要求装订成册,向接收单位移交。

6.7　工程保修期监理

(1)工程保修期应以国家工程质量管理规定和工程施工合同规定的期限为准,保修期的起算日期为正式竣工验收的日期。

(2)项目监理单位应参与治理工程的移交工作,并按照有关规定和承包合同约定,在"工程移交证书"中明确保修期的起算日期。

(3)项目监理单位应协助项目承担单位办理工程移交工作,在"工程移交证书"中明确"工程明细清单"。

(4)项目监理单位在保修期内应对所监理的项目进行定期回访,填写"工程回访记录",发现问题及时通知相关单位进行维护和整修,对工程问题原因及责任进行调查和确认,并提出后期维护建议。

（5）项目监理单位应督促承包单位完成工程保修期的尾工项目,协助业主或其委托的实施单位验收尾工项目。

（6）项目保修期满后,及时为承包单位办理付款签证手续。

（7）项目监理单位应做好保修期间的监理工作记录。

7 矿山地质环境治理工程 合同管理

7.1 工程合同履行管理

7.1.1 工程合同的作用

工程合同的主体是具有民事权利能力和民事行为能力的法人资格组织。工程合同的作用是:

(1)明确合同权利双方的权利、义务和违约责任,避免以后履行中产生争议。

(2)保证工程项目按合同规定内容全面实施。

(3)激励合同双方提高管理水平,加强经济核算。

(4)为监理单位实施工程委托监理合同提供法律依据和监理内容。

7.1.2 工程勘查与设计合同管理

(1)建立合同管理档案,并设专人进行合同管理。

(2)及时督促业主或其委托的实施单位向承包单位提供合同规定的勘查、设计基础资料和相应条件。

(3)监督检查履行状况,做好合同履行记录。

(4)认真审查勘查、设计实施方案和勘查、设计成果。

(5)严格控制项目概(预)算,督促按合同规定支付勘查、设计费用。

(6)合理解决合同纠纷,包括合同工期、质量和费用支付等。

7.1.3 工程施工合同管理

除参照7.1.2的内容外,应重点做好以下工作:

(1)加强工程质量控制。做好材料、构件和设备的质量检查、施工质量检查、隐蔽工程验收和竣工验收等。

(2)加强工程进度控制。审批施工进度计划和月、旬作业计划,分析影响施工进度的因素,提出赶工措施的建议。

(3)加强工程费用控制。

7.1.4 签署承包合同

业主和承包单位应在中标通知书发出之日起三十日内,签署承包合同。

7.1.5　审核工程合同

依据监理合同，监理机构应对承包合同内容进行审核。承包合同双方的权利和义务必须明确，合同款支付方式应有利于项目的实施。

7.2　工程变更管理

（1）工程变更申请可由业主、监理单位、设计单位和施工单位任何一方提出。施工期间的工程变更一般由施工承包单位提出，均须经监理单位审查，设计单位、业主或工程审批部门批准，由监理单位签发给承包单位执行。工程变更的提出、审查和批准，还应受工程合同约束。

（2）工程变更的申请、审查、批准文件及其所依据的文件应以书面形式，承包单位在收到书面"工程变更单"后，方可实施变更部分的工程内容，否则项目监理机构不予计量。

（3）工程变更按其性质和对工程的影响程度可分为四个等级：

①涉及工程总体规模、工程特性、运行标准、工程总体布局、工程费用和工期改变的变更为重大工程变更。

②涉及单位或分部工程的局部布置、结构形式、施工方案改变的变更为较大工程变更。

③涉及分部或分项工程的细部结构、局部布置、施工方案改变的变更为一般工程变更。

④因环境发生变化，造成设计方案不适应施工实际情况，或设计文件本身缺陷或为优化设计目的所提出的变更为常规设计变更。

工程变更等级判定从重大级向下依次推定，以最先满足的为准。

（4）工程变更程序包括提出变更申请、进行变更审查、下发变更通知、变更执行四个步骤。

（5）工程变更申请应由申请单位项目负责人签字并加盖公章，应包括如下内容：

①变更的工程项目名称、部位、范围和等级。

②变更的原因、依据和有关文件。

③变更的工程量和实施计划。

④变更引起的合同价款和工期变化。

⑤与变更审查、批准相关的其他相关资料（包括影视图像、资料）。

（6）常规设计变更由总监理工程师审查批准；一般工程变更由监理机构审查后报业主或其委托的实施单位批准；较大工程变更在总监理工程师审查后，报业主或其委托的实施单位邀请原设计评审专家组组长或同等专业水平的专家对变更部分进行审查批准；重大工程变更则由项目原审批部门组织评审。

工程变更审查应遵循以下原则：

①工程变更后不降低工程质量标准，不造成新的矿山地质环境问题。

②工程变更应在技术上可行，并安全可靠。

③工程变更的费用和工期应经济、合理。

④工程变更应尽可能不对后续工程的工期和施工条件产生不良影响。

(7)工程变更审批后,由设计单位出具设计施工图纸与施工说明,由总监理工程师签发工程变更通知,工程变更通知应包含以下内容:

①工程变更说明。

②工程变更图纸。

③工程变更引起改变的工期和费用核算。

④项目有关参建单位的会签记录及审批文件。

(8)施工单位接到工程变更通知后,应将变更文件作为设计文件的一部分进行执行。

(9)按承包合同规定发出的工程变更指令,不应影响承包合同双方的权利和义务。

(10)工程变更引起的费用和工期延误,由导致工程变更的责任方承担。

7.3　工程暂停及复工的管理

(1)当发生下列情况之一时,应根据暂停工程影响范围和影响程度,按照承包合同和委托监理合同的约定,总监理工程师与业主或其委托的实施单位协商后可签发"工程暂停令":

①业主或其委托的实施单位要求暂停施工,且工程需要暂停施工的。

②出现或可能出现工程质量问题,根据情况必须停工处理的。

③出现安全隐患,为避免造成人身、财产损失,必须停工处理的。

④承包单位未经许可擅自施工的,或拒绝项目监理机构管理的。

⑤发生了必须随时停止施工的紧急事件。

(2)总监理工程师在签发"工程暂停令"时,应根据实际情况,确定工程暂停施工的范围。

(3)根据委托监理合同约定或有必要暂停施工时,由总监理工程师签发"工程暂停令",签发前应征求业主或其委托的实施单位的意见。

(4)工程暂停前,承包单位应将已完成工程量报项目监理机构审核,并在暂停期间保护该部分和全部工程免受损失和损害。

(5)签发"工程暂停令"后,项目监理机构应会同有关各方按照合同约定,组织处理好因工程暂停引起的与工期、费用等有关问题,并如实记录所发生的实际情况,各方应在相关会议纪要上签字认可。

(6)在施工暂停因素消失、具备复工条件时,承包单位应及时递交"工程开工/复工报审表",由总监理工程师签署后方可继续施工。

7.4　工程延期的管理

(1)当以下原因导致工程延期时,承包单位可提出延长工期申请,项目监理机构应予以受理。

①由于工程变更而导致工程量增加。

②工程承包合同所涉及的可能造成工程延期的原因,如延期交付施工图、非承包单位的原因造成的工程暂停、对合格工程的剥离检查及不利的外界条件等。

③异常恶劣的气候条件及不可抗力事件。

④由于业主或其委托的实施单位未及时提供施工条件、未及时处理民扰等造成的延误。

(2)工程延期事件发生后,承包单位应在合同约定的期限内向项目监理机构提交书面工程延期申请,并提交有关延期的详细资料和证明材料。

(3)当工程延期要求符合承包合同规定或其他延期条件时,项目监理机构在收到承包单位提交的工程延期申请并经过审查后,由总监理工程师签批"工程延期审批表"。项目监理机构在做出工程延期批准前,应与业主或其委托的实施单位进行协商。

(4)项目监理机构在审查工程延期时,应依下列情况确定批准工程延期的时间:

①承包合同中有关工程延期的约定。

②工期拖延和影响工期事件的事实和程度。

③影响工期事件对工期影响的量化程度。

(5)当工程延期造成承包单位提出费用索赔时,项目监理机构应按本技术要求第7.6条的规定处理。

(6)当承包单位未能按照承包合同要求的工期竣工,造成工期延误时,项目监理机构应按承包合同规定从承包单位应得款项中扣除误期损害赔偿费。

(7)当因工程延期造成项目工期超出项目批复工期时,监理机构的工程延期批准须逐级向项目审批部门汇报,经项目审批部门批准后生效。

7.5 工程分包的管理

(1)项目监理机构在工程承包合同约定允许分包的工程范围内,对承包单位的分包申请进行审核(包括劳务分包),并报业主或其委托的实施单位批准。

(2)在分包项目得到业主或其委托的实施单位批准后,分包合同(协议)签订后,分包单位方可进场施工。

(3)分包的管理包括的内容:

①分包单位必须具备完成分包工程内容的能力和资质,劳务分包应具备相应的组织和安全管理人员。项目监理机构应要求承包单位加强对分包单位和分包工程项目的管理,加强对分包单位履行合同的监督。

②分包单位项目的施工技术方案、开工申请、工程质量检验、工程变更和合同支付等,应通过承包单位向项目监理机构申报。

③分包工程只有在承包单位检验合格后,才可由承包单位向项目监理机构提交验收申请。

7.6　工程费用索赔的处理

(1)项目监理机构处理费用索赔应依据下列内容：

①国家有关的法律、法规和工程项目所在地的地方法规。

②本工程的承包合同、投标文件。

③国家、部门和地方有关的标准、规范和定额。

④承包合同履行过程中与索赔事件有关的凭证。

(2)当承包单位提出费用索赔的理由，并同时满足以下条件时，项目监理机构应予以受理：

①索赔事件造成了承包单位直接经济损失的。

②索赔事件是由于非承包单位的责任发生的。

③承包单位已按照承包合同规定的期限和程序提出费用索赔申请表，并附有索赔凭证材料。

(3)承包单位向承担单位提出费用索赔，项目监理机构应按下列程序处理：

①承包单位在承包合同规定的期限内向项目监理机构提交对业主单位的费用索赔意向通知书。

②总监理工程师指定监理工程师收集与索赔有关的资料。

③承包单位在承包合同规定的期限内向项目监理机构提交对业主单位的费用索赔申请表。

④当总监理工程师初步审查费用索赔申请表，符合本技术要求第7.3.2条所规定的条件时予以受理。

⑤总监理工程师进行费用索赔审查，并在初步确定一个额度后，与承包单位和业主进行协商。

⑥总监理工程师应在承包合同规定的期限内签署费用索赔审批表，或在承包合同规定的期限内发出要求承包单位提交有关索赔报告的进一步详细资料的通知，待收到承包单位提交的详细资料后，按本条的第(4)、(5)、(6)款的程序进行。

(4)当承包单位的费用索赔要求与工程延期要求相关联时，总监理工程师在做出费用索赔的批准决定时，应与工程延期的批准联系起来，综合做出费用索赔和工程延期的决定。

(5)由于承包单位的原因造成业主的额外损失，业主向承包单位提出费用索赔时，总监理工程师在审查索赔报告后，应公正地与业主和承包单位进行协商，并及时做出答复。

(6)当因承包单位索赔造成项目投资超出财政预算时，监理机构做出的费用索赔批准决定须逐级向项目审批部门汇报，经项目审批部门批准后生效。

8 监理资料与资料管理

8.1 监理工作规划

（1）项目委托监理合同签订后，监理单位应及时组建项目监理机构。项目监理机构应针对项目的性质、规模、工作内容等实际情况，编制项目监理规划。明确项目监理机构的工作目标，确定具体的监理工作计划、组织、制度、程序、方法和措施，用以指导项目监理机构全面开展监理工作。

（2）监理规划由项目总监理工程师组织编制，在签订委托监理合同及收到承包合同和设计文件后 15 d 内完成，经监理单位技术负责人审核批准后报送业主或其委托的实施单位。

（3）监理规划编制的程序和依据：

①监理规划在签订监理合同和收到设计文件后编制，经监理单位签章，并报项目承担单位或其委托的项目实施单位。

②监理规划的编制应由项目总监理工程师主持、专业监理工程师参加，编制完成后经单位技术负责人审核并批准。

③监理规划编制的依据：

a. 建设工程的相关法律、法规及国土资源部颁布的有关矿山地质环境恢复治理工程的相关文件。

b. 可行性研究报告、项目立项文件、项目审批文件、项目设计文件和项目预算书。

c. 与矿山地质环境恢复治理项目有关的规范、规程和技术标准等。

d. 监理投标文件、监理大纲、监理合同和与工程有关的合同文件。

e. 现场踏勘情况以及自身在矿山地质环境恢复治理方面的监理经验。

④监理规划应包括的主要内容：

a. 工程项目概况。

b. 监理工作范围。

c. 监理工作内容。

d. 监理工作目标。

e. 监理工作依据。

f. 监理机构的组织形式。

g. 监理机构的人员配备计划。

h. 监理机构的人员岗位职责。

i. 监理工作程序。

j. 监理工作方法与措施。

k. 监理工作制度。

l. 监理设施。

（4）在工程监理过程中，若实际情况或条件发生重大变化而需要调整监理规划时，可以按原程序进行调整、修订和批准，并报业主或其委托的实施单位。

8.2　监理实施细则

（1）对于治理工程内容复杂、专业性较强的专项或专业恢复治理项目，项目监理机构应编制监理实施细则。监理实施细则应符合监理规划的要求，并明确工程项目的专业特点，做到详细具体，具有可操作性和针对性。

（2）监理实施细则应由专业监理工程师在专项工程或专业工程施工前编制完成，并由总监理工程师批准。

（3）编制监理实施细则的依据：

①已批准的监理规划。

②与专项工程或专业工程有关的标准、设计文件和技术资料。

③施工组织设计和专项工程施工技术方案。

（4）监理实施细则应包括下列主要内容：

①专业工程的特点。

②监理工作的流程。

③监理工作的控制要点及目标值。

④监理工作的方法及措施。

（5）在监理工作实施过程中，监理实施细则可根据实际情况按进度、分阶段进行编制、补充、修改和完善，但应注意前后的连续性、一致性，并报项目承担单位或其委托的项目实施单位。

8.3　会议纪要

（1）在施工过程中，项目监理机构应定期组织召开或参加由参建各方参加的工地例会。通过例会沟通情况、交流信息，协调处理工程实施过程中的质量、进度、费用以及合同履行中的各方面问题。

（2）会议纪要由项目监理机构记录整理，由与会各方会签后分发有关各方，并应有签收手续。

（3）为解决工程实施过程中的专项资金，可根据需要组织或参加工地专题例会，会议纪要由会议组织方或监理机构编写，签发要求同上。

8.4　监理日志

（1）项目监理机构应安排人员及时、认真地填写监理日志，监理日志要当天填写，填写后由监理工程师审核后签字。

（2）监理日志应如实反映当天天气情况，项目监理工作情况，工程实施过程中的质量、进度、安全控制、组织协调、投资、工程报验、资料签认等情况以及存在的问题。

（3）项目总监理工程师应定期检查监理日志填写情况，对存在的问题及时发现和解决。

8.5 监理月报

（1）监理月报应由项目总监理工程师组织编制，根据工程进展情况，按监理合同规定的格式与内容编写，并按时报送业主或其委托的实施单位和所属监理单位。

（2）监理月报应包括以下内容：

①本月工程进展综述。包括工程概况、分项工程进展情况、气象记录等。

②本月工程质量。包括工程质量及分项工程质量状况、工程质量监理控制过程、监理对工程质量检验认可情况、工程质量问题及其处理过程、影响工程质量的因素分析以及针对本月工程质量状况下月拟采取的预控措施等。

③工程进度。包括工程进度及分项工程形象进度、监理控制措施和过程、施工劳动组织及主要技术工种人员投入情况、施工设备投入情况、实际进度进展与计划进度对比情况、本月进度实施中存在的问题及下月拟采取的预控措施等。

④工程支付与合同管理。包括合同工程及分项工程合同支付情况，工程计量、工程变更与合同索赔情况，监理控制过程，合同支付与资金流动分析，本月合同支付与合同商务管理中存在的问题及下月拟采取的预控措施。

⑤安全生产与文明施工。包括安全生产与文明管理过程施工情况、安全生产状况与管理过程、文明施工与施工环境保护状况及管理过程、本月施工中存在的问题及下期拟采取的预控措施。

⑥监理机构运行。包括监理机构组成与变更情况、监理人员专业构成与到位情况、监理机构管理情况、下发监理通知情况、监理合同执行情况，以及要求业主或其委托的实施单位提供的条件和解决的问题。

⑦设计单位服务。包括设计单位供图情况、现场设计代表人员情况和处理施工中设计问题情况、本月实施中存在的问题及建议业主或其委托的实施单位应解决的问题。

⑧业主或其委托的实施单位提供。包括业主或其委托的实施单位提供情况、对项目检查情况、应予以重视和应及时解决问题的建议等。

⑨工程记事和其他应报送的资料和应说明的事项。

⑩本月监理工作小结包括以下内容：

a. 对本月工程进度、质量、安全和工程款支付等方面情况的综合评价。

b. 本月监理工作情况。

c. 有关本工程实施的意见和建议。

d. 下月监理工作的重点。

8.6　监理工作总结报告

（1）监理工作结束时，项目监理机构应向业主或其委托的实施单位提交监理工作总结报告。监理工作总结报告是工程竣工验收的重要依据，应在项目总监理工程师的主持下编制、经监理单位技术负责人审核。

（2）监理工作总结报告的主要内容应包括：

①工程概况，包括任务来源、治理工程设计情况等内容。

②监理合同和监理任务概述。

③监理机构组织与监理大纲概述。

④监理工作综述。

⑤工程质量控制。

⑥工程进度控制。

⑦工程投资控制。

⑧工程效果分析评价。

⑨工程实施中存在问题的处理意见和建议。

⑩对监理工作的评价和问题分析。

（3）监理工作总结报告的附件应包括：

①监理合同文本。

②监理规划或监理工作大纲。

③工程图纸会审资料、开工报审资料、原材料报审和化验资料、检验批资料、验收资料等主要签证的复印件。

④监理工作过程控制照片集。

⑤监理工作过程控制录像资料。

⑥治理前后对比照片集。

8.7　监理资料整理

（1）监理资料应包括下列内容：

①承包合同文件及委托监理合同。

②勘查、设计文件（包括设计变更）。

③监理规划和监理实施细则。

④设计交底与图纸会审会议纪要。

⑤本技术要求规定的报验表格及相关附件。

⑥会议纪要、监理工作联系单以及来往函件。

⑦监理日志。

⑧监理月报。

⑨质量缺陷与事故的处理资料。

⑩监理工作总结。

（2）监理资料的归档管理：

①监理资料必须及时整理、真实完整、分类有序。

②监理资料的管理应由项目总监理工程师负责，并指派专人具体实施。

③监理资料应在各阶段监理工作结束后及时整理归档。

④工程竣工验收后3个月内，项目监理单位应向业主或其委托的实施单位提交完整的监理工作总结报告，并将完整的监理档案向监理单位归档。

9 矿山地质环境治理工程
信息管理

9.1 工程监理文件

9.1.1 监理文件的主要内容

(1)承包合同及监理合同。

(2)勘查文件和设计文件。

(3)监理的管理文件(监理规划和实施细则等)。

(4)对承包单位的审查、批复文件。

(5)工程实施过程中的指令性文件。

(6)工程实施过程中的协调性文件。

(7)工程检验性文件(含测量核验、材料和设备检验、材料和工程试验、工程质量检验、隐蔽工程检验等文件)。

(8)工程变更文件。

(9)提交给承包单位的商议性文件。

(10)移交给业主的建议性文件。

(11)工程质量、工程计量、合同支付认证文件。

(12)工程完工和工程验收文件及其签证文件。

(13)工程报表(日志、月报等)与记录文件(会议纪要、记录和来往函件)。

(14)质量缺陷、事故、争议、索赔等处理文件。

(15)竣工决算、决算审核文件。

(16)监理总结性文件(监理总结报告等)。

(17)其他文件(含录音、录像、视频资料)。

9.1.2 工程文件编写要求

(1)监理文件应为书面形式,并附电子文件。

(2)监理文件构成要素的引用和表述应严格以有关法规、工程合同和技术规范等标准为依据。

(3)工程文件应实事求是,数据和引用材料准确、简明扼要、表述清楚、用语规范。

9.1.3 监理文件编号

监理文件应进行统一编号。编号采用三段七位的编号规则,前两位为分部工程编号,中间两位为资料类别编号,后三位为序号,如图 9-1 所示。

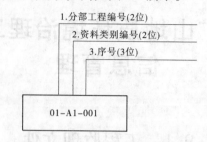

图 9-1　工程签证文件编号规则示意图

其中,分部工程编号由承包单位报送监理机构批准的分部分项工程划分申请表确定;如果工程资料是属于单位工程的,分部工程编号字段省去,精简为两段五位的编码。

9.2　工程文件的传递与受理

9.2.1　工程文件传递

(1)监理单位应根据监理合同、业主要求及工程实际情况建立工程文件传递流程,并通告相关项目参建单位。

(2)工程文件传递宜建立台账。

9.2.2　工程文件受理

在工程合同或业主未做出明确规定的情况下,监理单位应通过监理文件明确文件传递流程。

(1)项目承包单位向业主或其委托的实施单位报送的工程文件都应主送监理单位,并经监理单位审核和转达。

(2)业主或其委托的实施单位关于工程项目实施的主要意见和决策,都应通过监理单位向承包单位下达实施。

(3)紧急工程文件,应在其左上角一个明显位置加盖“紧急”章,受理方应在一个合理的时间段内做出处理。在非常情况下可以先通过电话或口头传递文件内容要点,并在随后的 4 小时内补传书面正式文件。

(4)为促进工程的顺利进展和工程合同的切实履行,业主或其委托的实施单位应在监理合同规定的期限内,对监理单位书面提出并要求业主或其委托的实施单位做出决定的事宜做出书面决定,送达监理单位。

(5)不符合文件传递程序而来往的文件,可视为非正式文件或无效文件而不具备合同所赋予的效力,由此造成的工期延误与合同责任由责任方承担。

9.3 工程文件整理与归档

9.3.1 工程文件形式

工程文件包括纸质和电子文档两种形式,都应整理、归档。

9.3.2 建立工程文件整理与归档管理制度

(1)监理单位应在工程项目开工前,建立工程文件整理、归档管理制度,包括归档范围、要求和文件收集、整编、复制、归档、移交、保密等各项内容,指定专人随工程施工和监理工作开展,加强文件整理、归档管理。

(2)监理单位应定期对工程文件整理、归档管理进行检查,督促承包单位按规定做好工程文件整理、归档工作。

9.3.3 工程文件档案管理

(1)监理单位应按照国家、省国土资源厅、部门颁布的关于工程文件整理、归档管理规定以及工程合同规定要求,做好监理文件档案资料的分类整理、归档的管理。

(2)监理单位应按照国家、省国土资源厅、部门颁布的关于工程文件整理、归档管理规定以及工程合同规定要求,督促相关单位做好主管部门批复文件、合同文本、业主或其委托的实施单位指示文件、勘查设计文件、施工文件和监测文件等应归档的档案资料的分类整理、归档的管理。

(3)工程文件必须及时整理、真实完整、分类有序,并由专人负责管理。

9.3.4 工程文件档案移交

(1)治理工程完成后,项目监理机构应按照国土资源主管部门及业主的相关要求整理监理资料,编制监理工作总结报告与附件,并提交给业主供项目验收。

(2)治理工程完成并通过有关部门组织的最终验收后,在工程移交的同时,监理单位应督促相关单位按照规定向国土资源主管部门进行资料归档工程文件汇总移交工作。

(3)项目结题资料汇总移交完成后,监理单位应按照国土资源部门要求将工程原始资料和监理资料汇编成册,在本单位建档、存档、备查。

附录 1　施工监理用表

A 类表（承包单位用表）

A 类表包括以下各表：

（1）A01 工程开工/复工报审表

A01 类表又包括：A01 - F1 工程开工报告、A01 - F2 单位工程开工申请书、A01 - F3 分部（分项）工程开工申请书。

（2）A02 施工组织设计（方案）报审表。

（3）A03 单位工程划分报审表。

（4）A04 分包单位报审表。

（5）A05 工程测量报审表。

（6）A06 施工进度计划报审表。

（7）A07 主要施工人员进场报审表。

（8）A08 材料/构配件进场报验表。

（9）A09 设备/仪器进（退）场报验表。

（10）A10 工程质量报验表。

（11）A11 分项工程质量验收记录表。

（12）A12 隐蔽工程检查验收记录表。

（13）A13 工程竣工报验申请表。

A13 类表又包括混凝土浇筑施工记录表、浆砌排水沟质量检验记录表、干砌石挡墙质量检验记录表、浆砌石和混凝土挡墙质量检验记录表、（分部分项）工程竣工报验申请表等。

（14）A14 单位工程质量评定表。

（15）A15 工程计量报审表。

（16）A16 计日工工程量签证表。

（17）A17 工程款支付申请表。

（18）A18 工程延期报审表。

（19）A19 监理通知回复单。

（20）A20 竣工移交证书。

以上各表样式见下文。

工程开工/复工报审表

工程名称：＿＿＿＿＿＿＿＿＿＿＿＿＿＿＿ 编号：A01 -

致＿＿＿＿＿＿＿＿＿＿＿＿＿＿＿＿（监理单位名称）：

　　我方承担的＿＿＿＿＿＿＿工程,已完成了开工前的各项准备工作,具备了开工/复工条件,计划于＿＿年 ＿＿月 ＿＿日正式开工,请审批并签发开工/复工指令。

　　附件:(1)工程开工报告;

　　　　(2)单位工程开工申请书;

　　　　(3)证明材料。

承包单位名称(盖章)：＿＿＿＿＿＿＿＿

项目经理(签名)：＿＿＿＿＿＿＿＿

日　期：＿＿年＿＿月＿＿日

审查意见：

监理单位名称(盖章)：＿＿＿＿＿＿＿＿

总监理工程师(签名)：＿＿＿＿＿＿＿＿

日　期：＿＿年＿＿月＿＿日

说明:本表一式三份,监理单位审批后,返回承包单位一份,送业主一份。

工程开工报告

工程名称：_____   编号：A01 – F1

工程名称		监理单位	
工程地点		中标金额	_____万元
工程性质		计划开工日期	___年___月___日
主要 工程量		计划竣工日期	___年___月___日
施工合同签订和施工图纸 提供审查情况			
施工设计方案及预算批准情况			
三通一平情况			
施工组织设计审查情况			
主要人员、材料、设备 进场情况			
施工测量放线情况			
其他			
监理(业主)方签署意见			

承包单位签字(盖章)：   监理(业主)方签字(盖章)：

单位工程开工申请书

工程名称：＿＿＿＿＿＿＿＿＿＿＿＿＿　　　　　　　　　　编号:A01 - F2

致＿＿＿＿＿＿＿＿＿＿＿＿（监理单位名称）：

　　我单位＿＿＿＿＿＿＿＿＿＿的施工组织设计已经完成,机械设备已经进入施工现场,人员以及施工组织也已经到位,现场已经具备了开工条件,申请本单位工程正式开工,计划开工日期为＿＿ 年＿＿月＿＿日,请审批。

承包单位名称(盖章)：＿＿＿＿＿＿＿＿＿＿

项目经理(签名)：＿＿＿＿＿＿＿＿＿＿

日　　期：＿＿年 ＿＿月＿＿日

施工单位申报记录	申请开工单位名称及编码	
	计划开工单位工程名称	
	计划首批开工部分工程 项目名称及编码	

附件目录	□施工组织设计(专项方案)	监理单位签批记录	监理单位名称(盖章)：＿＿＿＿＿＿ 签批人(签名)：＿＿＿＿＿＿＿＿ 日　　期：＿＿年＿＿月＿＿日

说明:本表一式三份,监理单位审批后,返回承包单位一份,送业主一份。

分部(分项)工程开工申请书

工程名称:_____   编号:A01－F3

单位工程名称		单位工程批文编号	
申请开工分部 (分项)工程名称		工程 部位	
申请开工 日期		计划工期	

<table>
<tr><td rowspan="8">施工准备工作检查记录</td><td>序号</td><td>检查内容</td><td>检查结果</td></tr>
<tr><td>1</td><td>设计文件、施工技术及措施、施工交底记录</td><td></td></tr>
<tr><td>2</td><td>施工安全、工程管理和质量保证措施</td><td></td></tr>
<tr><td>3</td><td>主要设备机具的到位情况</td><td></td></tr>
<tr><td>4</td><td>劳动组织及人员组合安全完成情况</td><td></td></tr>
<tr><td>5</td><td>水、电、风等必要的辅助生产设施就绪情况</td><td></td></tr>
<tr><td>6</td><td>场地整平、交通、通信、临时设备和准备工程就绪情况</td><td></td></tr>
<tr><td>7</td><td>测量是否符合记录</td><td></td></tr>
</table>

附件目录	□分部(分项)工程施工方案

施工单位申报记录	开工条件已经具备,施工准备已经就绪,报请检查并批准开工。	监理单位审签记录	审查意见:
	承包单位名称(盖章):_____ 项目经理(签名):_____ 日　期:____年___月___日		监理单位名称(盖章):_____ 签批人(签名):_____ 日　期:____年___月___日

说明:本表一式三份,监理单位审批后,返回承包单位一份,送业主一份。

施工组织设计(方案)报审表

工程名称:_____　　　　　　　　　编号:A02 -

致_____(监理单位名称): 　　我方已根据承包合同的有关规定完成了_____工程施工组织设计(方案)的编制,并经我单位技术负责人审查批准,请予以审查。 　　附件:施工组织设计(方案)。   　　　　　　　　　　　　　　　　　　　承包单位名称(盖章):_____ 　　　　　　　　　　　　　　　　　　　项目经理(签名):_____ 　　　　　　　　　　　　　　　　　　　日　　期:___年___月___日
专业监理工程师审查意见: 　　　　　　　　　　　　　　　　　　　专业监理工程师(签名):_____ 　　　　　　　　　　　　　　　　　　　日　　期:___年___月___日
总监理工程师审核意见: 　　　　　　　　　　　　　　　　　　　监理单位名称(盖章):_____ 　　　　　　　　　　　　　　　　　　　总监理工程师(签名):_____ 　　　　　　　　　　　　　　　　　　　日　　期:___年___月___日

说明:本表一式三份,监理单位审批后,返回承包单位一份,送业主一份。

单位工程划分报审表

工程名称:_____   编号:A03 -

致_____(监理单位名称):

　　我单位对_____工程单位、分部、分项工程划分已完成。现予以申报,请予审
批。

　　附件:1._____治理工程单位、分部、分项划分表。

承包单位名称(盖章):_____

项目经理(签名):_____

日　期:___年___月___日

监理工程师意见:

监理单位名称(盖章):_____

监理工程师(签名):_____

日　期:___ 年___ 月___ 日

说明:本表一式三份,监理单位审批后,返回承包单位一份,送业主一份。

分包单位报审表

工程名称：_____   编号：A04 -

致_____（监理单位名称）：

  经考察，我方拟选择的_____（分包单位名称）具有承担下列工程的施工资质和能力，可以保证本工程项目按合同的约定进行施工。分包后，我方仍然承担总承包方的责任与义务，请予以审查和批准。

  附件：(1)分包单位资质材料；
    (2)分包单位人力组织。

分包单位工程名称（部位）	单位	工程量	其他说明

承包单位名称(盖章)：_____

项目经理(签名)：_____

日 期：____年____月____日

项目监理机构审查意见：	业主或其委托的项目实施单位审查意见：
监理单位名称(盖章)：_____ 总监理工程师(签名)：_____ 日 期：___年___月___日	承担单位名称(盖章)：_____ 总监理工程师(签名)：_____ 日 期：___年___月___日

说明：本表一式三份，由承包单位填报，签名、盖章后业主或其委托的项目实施单位、监理单位、承包单位各存一份。

工程测量报审表

工程名称：_____   编号：A05 -

致_____（监理单位名称）：
我方已完成了（部位）_____（内容）_____的测量工作，施测成果经自检合格，请予以审查。 　　附件：（1）测量的依据材料____页； 　　　　　（2）测量成果表____页。 　　　　　　　　　　　　　测量员（签名）：_____　复核人（签名）：_____   　　　　　　　　　　　　　　　　　　　　　承包单位名称（盖章）：_____ 　　　　　　　　　　　　　　　　　　　　　技术负责人（签名）：_____ 　　　　　　　　　　　　　　　　　　　　　日　期：___年___月___日

工程部位 和编号		测量 单位	
实测项目	□地形测量　　　□控制测量　　　□剖面测量　　　□收方测量　　　□施工测量 □变形测量		
施测 内容		测量 说明	
施测单位 复验记录	复测人（签名）：_____ 复测日期：___年___月___日	报送附件 记录	
监理单位 审签意见	查验结论： 　　□合格　　　　□纠差后合格　　　　□纠错后重报 　　　　　　　　　　　　　　　　　　监理单位名称（盖章）：_____ 　　　　　　　　　　　　　　　　　　签批人（签名）：_____ 　　　　　　　　　　　　　　　　　　日　期：___年___月___日		

说明：本表一式三份，监理单位审批后，返回承包单位一份，送业主一份。

施工进度计划报审表

工程名称:＿＿＿＿＿＿＿＿＿＿＿ 编号:A06 -

致＿＿＿＿＿＿＿＿＿＿＿(监理单位名称):
我方承担＿＿＿＿＿＿＿＿＿＿(工程名称)施工任务,现上报工程施工进度计划,请予以审查和批准。 　　附件:(1)施工进度计划(说明、图标、工程量、工作量); 　　　　　(2)资源配置说明。   　　　　　　　　　　　　　　　　　　承包单位名称(盖章):＿＿＿＿＿＿＿＿ 　　　　　　　　　　　　　　　　　　项目经理(签名):＿＿＿＿＿＿＿＿＿ 　　　　　　　　　　　　　　　　　　日　　期:＿＿＿年＿＿＿月＿＿＿日
监理工程师审查意见: 　　　　　　　　　　　　　　　　　　专业监理工程师(签名):＿＿＿＿＿＿＿＿ 　　　　　　　　　　　　　　　　　　日　　期:＿＿＿年＿＿＿月＿＿＿日
总监理工程师审核结果: 查验结论:　　　□　同意　　　　□　修改后再报   　　　　　　　　　　　　　　　　　　监理单位名称(盖章):＿＿＿＿＿＿＿＿ 　　　　　　　　　　　　　　　　　　总监理工程师(签名):＿＿＿＿＿＿＿＿ 　　　　　　　　　　　　　　　　　　日　　期:＿＿＿年＿＿＿月＿＿＿日

说明:本表一式三份,由承包单位填报,签名、盖章后业主或其委托的项目实施单位、监理单位、承包单位各存一份。
　　　总进度计划必须由总监理工程师签字。

主要施工人员进场报审表

工程名称：_____   编号：A07 －

致_____（监理单位名称）：

我单位完成了_____组织工作，拟安排下列人员进驻施工现场，请予以审查和验收。

序号	姓名	年龄	性别	职称/职业资格	证书编号	拟在本工程担任职务
						项目经理
						项目总工
						施工员
						技术员
						质检员
						安全员
						⋮

承包单位名称（盖章）：_____

项目经理（签名）：_____

日　期：____年____月____日

监理机构审核结果：

查验结论：　　□ 同意　　　　□ 纠错后重报

监理单位名称（盖章）：_____

总监理工程师（签名）：_____

日　期：____年____月____日

说明：本表一式三份，监理单位审批后，返回承包单位一份，送业主一份。

材料/构配件进场报验表

工程名称：_____   编号：A08 -

致_____（监理单位名称）：

    我方承担_____（工程名称）施工任务，现上报工程的材料/构配件进场检验记录，经我方检验符合设计、规范及合约要求，请予以批准使用。

材料（构配件）名称	型号与规格	数量	单位	产地或厂家	送检编号	使用部位

附件：(1)□ 出厂合格证；

     (2)□ 出厂质量检验报告；

     (3)□ 进场检查记录；

     (4)□ 进场复试报告。

承包单位名称（盖章）：_____

项目经理（签名）：_____

日   期：___年___月___日

监理机构审核结果：

查验结论：□ 同意   □ 补充资料   □ 重新检验   □ 退场

监理单位名称（盖章）：_____

监理工程师（签名）：_____

日   期：___年___月___日

说明：本表一式三份，监理单位审批后，返回承包单位一份，送业主一份。

设备/仪器进(退)场报验表

工程名称:_____   编号:A09 -

序号	设备名称	规格型号	数量	进场日期	工况	拟(已)用工程项目	备注

施工单位申报内容	上述设备经自检合格拟按计划时间进场,特申报批准。	监理单位审批意见	□同意 □按意见维修或调换 □不同意
申报单位	申报单位名称(盖章):_____ 项目经理(签名):_____ 日　期:___年__月__日	监理单位	监理单位名称(盖章):_____ 审签人(签名):_____ 日　期:___年___月___日

说明:本表一式三份,监理单位审批后,返回承包单位一份,送业主一份。

工程质量报验表

工程名称：＿＿＿＿＿＿＿＿＿＿＿＿　　　　　　　　　　　　编号：A10 -

致＿＿＿＿＿＿＿＿＿＿（监理单位名称）：

　　我方已完成＿＿＿＿＿＿＿＿（部位）的＿＿＿＿＿＿＿工程,经我方检验符合设计、规范及合约要求,请予以验收。

　　附件:(1)□ 质量控制资料汇总表(适用于单位工程报验);
　　　　　(2)□ 隐蔽工程检查记录;
　　　　　(3)□ 施工试验记录;
　　　　　(4)□ 工序(单元工程)质量验收记录。

承包单位名称(盖章):＿＿＿＿＿＿

项目经理(签名):＿＿＿＿＿＿＿

日　期:＿＿＿年＿＿＿月＿＿＿日

监理机构审核结果:

查验结论:□ 合格　　　　□ 局部整改　　　□不合格

监理单位名称(盖章):＿＿＿＿＿＿＿＿

(总)监理工程师(签名):＿＿＿＿＿＿＿

日　期:＿＿＿年＿＿＿月＿＿＿日

说明:本表一式三份,由承包单位填报,签名、盖章后业主或其委托的项目实施单位、监理单位、承包单位各存一份。
　　　单位工程报验时由总监理工程师签字。

分项工程质量验收记录表

工程名称：_____   编号：A11 -

分项工程名称		验收部位	
施工单位		项目经理	
执行标准名称及编号			
设计尺寸与质量要求			
实际完成尺寸与质量情况			

		质量验收规范的规定	施工单位检查评定记录	监理单位验收记录
主控项目	1			
	2			
	3			
一般项目	1			
	2			
	3	允许偏差		

施工单位检查评定结果	经检查,主控项目、一般项目均符合设计及规范规定,自评合格。 技术负责人(签名)：_____ 专业质量检查员(签名)：_____ 日　期：____年____月____日
监理单位验收结论	 监理工程师(签名)：_____ 日　期：____年____月____日

说明:本表一式两份,由承包单位填报,签名、盖章后监理单位、承包单位各存一份。

隐蔽工程检查验收记录表

工程名称：_____   编号：A12 -

施工单位：_____

分部工程名称	
隐检项目	
隐蔽部位	
检查内容	

隐蔽日期		检查日期	

隐蔽检查内容	隐蔽工程内容： 检查意见： 日　期：___年___月___日 复查意见： 日　期：___年___月___日

施工单位	设计单位	监理单位
施工员(签名)：_____ 质检员(签名)：_____ 技术负责人(签名)：_____ 项目负责人(签名)：_____ 日　期：___年___月___日	设计代表(签名)：_____ 日　期：___年___月___日	监理工程师(签名)：_____ 日　期：___年___月___日

说明：本表一式两份，相关单位各存一份。

混凝土浇筑施工记录表

工程名称:＿＿＿＿＿＿＿＿＿＿＿＿＿　　　　　　　　　编号:A13 - 1

施工单位:＿＿＿＿＿＿＿＿＿＿＿＿＿

分部工程名称				
浇筑日期				
天气情况	□晴　　□多云　　□阴		气温:＿＿ ~ ＿＿℃	
混凝土强度等级		设计坍落度		
出盘温度		入模温度		
钢筋、模板检查人		实际坍落度		
振捣方法		振捣作用深度		
浇筑时间		最大间隔时间		
浇筑方量		试块数量		

浇筑中出现的问题及处理情况:

施工员:	质检员:	记录员:

施工单位名称(盖章):＿＿＿＿＿＿＿＿＿	
技术负责人(签名):＿＿＿＿＿＿＿＿＿＿	监理单位名称(盖章):＿＿＿＿＿＿
项目负责人(签名):＿＿＿＿＿＿＿＿＿＿	监理工程师(签名):＿＿＿＿＿＿＿
日　期:＿＿年＿＿月＿＿日	日　期:＿＿年＿＿月＿＿日

说明:本表一式两份,相关单位各存一份。

浆砌排水沟质量检验记录表

工程名称：_____   编号：A13-2

施工单位：_____

分部工程			施工时间	
部位			检验时间	
项次	检验项目	规定值或允许偏差	检验结果	检查方法和频率
1	砂浆强度(MPa)			
2	轴线偏差(mm)			
3	沟底高程(mm)			
4	墙面顺直度或坡降(mm)			
5	断面尺寸(mm)			
6	砌筑厚度(mm)			
7	基础(垫层)宽度(mm)			

施工单位自检情况

自检意见：

施工单位名称(盖章)：_____

质检员(签名)：_____ 技术负责人(签名)：_____ 项目负责人(签名)：_____

日　期：___年___月___日

监理单位意见

监理单位名称(盖章)：_____

监理工程师(签名)：_____

日　期：___年___月___日

说明：本表一式三份,监理单位签证后存一份,返回施工单位一份,送发包单位一份。

干砌石挡墙质量检验记录表

工程名称：_____

施工单位：_____

分部工程			施工时间		
部位			检验时间		
项次	检验项目	规定值或允许偏差	检验结果	检查方法和频率	
1	平面位置(mm)				
2	平面尺寸(mm)				
3	顶面高程(mm)				
4	墙面竖直度或坡度(°)				
5	断面尺寸(mm)				
6	底面高程(mm)				
7	基础类型				
施工单位自检情况	自检意见： 施工单位名称：(盖章)_____ 质检员(签名)：_____ 技术负责人(签名)：_____ 项目负责人(签名)：_____ 日　期：___年___月___日				
监理单位意见	 监理单位名称：(盖章)_____ 监理工程师(签名)：_____ 日　期：___年___月___日				

说明：本表一式三份，监理单位签证后存一份，返回施工单位一份，送发包单位一份。

浆砌石和混凝土挡墙质量检验记录表

工程名称：_____　　　　编号：A13 - 4

施工单位：_____

分部工程			施工时间	
部　位			检验时间	
项次	检验项目	规定值或允许偏差	检验结果	检查方法和频率
1	平面位置(mm)			
2	顶面高程(mm)			
3	墙面竖直度或坡度(°)			
4	断面尺寸(mm)			
5	底面高程(mm)			
6	基础类型			
施工单位自检情况	自检意见： 施工单位名称(盖章)：_____ 质检员(签名)：_____　技术负责人(签名)：_____　项目负责人(签名)：_____ 日　期：___年___月___日			
监理单位意见	 监理单位名称(盖章)：_____ 监理工程师(签名)：_____ 日　期：___年___月___日			

说明：本表一式三份，监理单位签证后存一份，返回施工单位一份，送发包单位一份。

(分部分项)工程竣工报验申请表

工程名称:_____   编号:A13 -

致_____(监理单位名称): 　我方按照设计、规范和承包合同约定,已完成_____分部工程的施工,经自检合格,请予以检查和验收。 　　附件 　　(此处略)   　　　　　　　　　　　　　　　　　　　　　　　承包单位名称(盖章)_____ 　　　　　　　　　　　　　　　　　　　　　　　项目经理(签名):_____ 　　　　　　　　　　　　　　　　　　　　　　　日　　期:____年____月____日

监理机构审查意见:	项目设计单位审核意见:	业主或项目实施单位审核意见:
            监理单位名称(盖章): _____ 总监理工程师(签名): 日　期:____年____月___日	 设计单位名称(盖章): _____ 项目负责人(签名): 日　期:____年____月___日	 实施单位名称(盖章): _____ 经办人(签名): 日　期:____年____月___日

说明:本表一式三份,由承包单位填报,签字盖章后相关单位各存一份。

单位工程质量评定表

工程名称：_____   编号：A14 −

项目名称		施工单位	
单位工程名称		施工日期	
工程内容		评定日期	

序号	分部工程名称	质量等级 合格	质量等级 不合格	序号	分部工程名称	质量等级 合格	质量等级 不合格
1				5			
2				6			
3				7			
4				8			

分部工程共____个,其中合格____个,合格率____%。

原材料质量	
中间产品质量	
外观质量	
施工工序质量	
施工质量检验资料	
质量事故情况	

施工单位自评等级	监理单位复核等级	设计单位复核等级	业主核定等级
评定人(签名):_____ 项目经理(签名): _____ 项目施工单位名称(盖章):_____ 日 期: ___年___月___日	复核人(签名):_____ 总监理工程师(签名):_____ 监理机构名称(盖章): _____ 日 期: ___年___月___日	复核人(签名):_____ 设计负责人(签名): _____ 设计单位名称(盖章): _____ 日 期: ___年___月___日	核定人(签名):_____ 项目负责人(签名): _____ 业主单位名称(盖章): _____ 日 期: ___年___月___日

说明:本表一式四份,相关单位签字、盖章后,各执一份。

工程计量报审表

工程名称：_____ 　　　　　　　　编号：A15 -

致_____（监理单位名称）：

　　我方按照设计、规范和承包合同约定，已完成_____工序（单元工程）的施工，其工程质量已经检验合格，并对工程量进行了计量测量。现提交计量结果，请予以核准。

　　附件：(1)□ 现场测量资料；
　　　　　(2)□ 工程量计算；
　　　　　(3)□ 其他。

承包单位名称(盖章)：_____

项目经理(签名)：_____

日　期：___年___月___日

监理机构审查意见：	业主或其委托的项目实施单位审核意见：
监理单位名称(盖章)：_____	实施单位名称(盖章)：_____
(总)监理工程师(签名)：_____	负责人(签名)：_____
日　期：___年___月___日	日　期：___年___月___日

说明： 本表由承包单位填报、签字盖章后，业主或其委托的项目实施单位、监理单位、承包单位各存一份。单位工程计量报验时由总监理工程师签字。

计日工工程量签证表

工程名称:_____   编号:A16 -

致_____(监理单位名称):

　　我方已按照要求完成_____(工程内容)的计日工工作,其工程质量已经检验合格。现申报计日工工程量,请予以审核。

附件:(1)□ 计日工工作记录;
　　　(2)□ 工程量计算;
　　　(3)□ 其他。

承包单位名称(盖章):_____
项目经理(签名):_____
日　期:___年___月___日

监理机构审查意见:	业主或其委托的项目实施单位审核意见:
监理单位名称(盖章):_____ (总)监理工程师(签名):_____ 日　期:___年___月___日	实施单位名称(盖章):_____ 负责人(签名):_____ 日　期:___年___月___日

说明:本表一式三份,由承包单位填报,签字、盖章后业主或其委托的项目实施单位、监理单位、承包单位各存一份。

工程款支付申请表

工程名称：_____   编号：A17 －

致_____（监理单位名称）：

我方已完成了_____工作，按承包合同的约定，项目承担单位或其委托的项目实施单位应在___年___月___日前支付该项工程款共（大写_____）（小写_____），现报上工程款支付申请表，请予以审查并开具工程款支付证书。

附件：（1）施工合同；

（2）工程计量报验表。

承包单位名称（盖章）：_____

项目经理（签名）：_____

日　　期：___年___月___日

序号	项目名称	单位	申报数			核定数		
			数量	单价（元）	合计（元）	数量	单价（元）	合计（元）
合计								

监理单位名称（盖章）：_____

监 理 工 程 师（签名）：_____

总监理工程师（签名）：_____

日　　期：___年___月___日

说明：本表一式三份，由承包单位填报，监理单位审批后，返回承包单位一份，送承担单位一份。

工程延期报审表

工程名称：_____   编号：A18 –

致_____（监理单位名称）： 　　我方承担_____（工程名称）施工任务，根据合同条款____条的规定，由于____ _____的原因，申请工程延期，合同竣工日期由____ 延长至 _____ 。请予以审查和批准。 　　附件：(1)工程延期的依据及工期计算； 　　　　　(2)证明材料。   <div align="right">承包单位名称(盖章)：_____ 项目经理(签名)：_____ 日　　期：___年___月___日</div>
监理工程师审查意见：   <div align="right">专业监理工程师(签名)：_____ 日　　期：___年___月___日</div>
总监理工程师审核结果： 查验结论：　　　□　同意　　　　　□　修改后再报   <div align="right">监理单位名称(盖章)：_____ 总监理工程师(签名)：_____ 日　　期：___年___月___日</div>

说明：本表一式三份，由承包单位填报，签字盖章后业主或其委托的项目实施单位、监理单位、承包单位各存一份。
　　　影响总体工期的延期必须由总监理工程师签字。

监理通知回复单

工程名称：_____   编号：A19 –

致_____（监理单位名称）：

    我方接到编号为_____的监理通知后，已按要求完成了_____
_____工作，特此回复，请予以复查。

详细内容：

                                       承包单位名称（盖章）：_____

                                       项目经理（签名）：_____

                                       日   期：___年___月___日

复查意见：

                                       监理单位名称（盖章）：_____

                                       专业监理工程师（签名）：_____

                                       总监理工程师（签名）：_____

                                       日   期：___年___月___日

说明：本表一式三份，监理单位审批后，返回施工单位一份，送业主一份。

竣工移交证书

工程名称：＿＿＿＿＿＿＿＿＿＿＿＿＿   编号：A20 -

致＿＿＿＿＿＿＿＿＿＿＿＿＿＿＿＿＿（业主或其委托的项目实施单位）：

　　兹证明承包单位＿＿＿＿＿＿＿＿＿＿施工的 ＿＿＿＿＿＿＿＿＿＿＿ 工程,已按承包合同和设计要求完成,并验收合格,即日起该工程移交你单位。本工程的实际完工之日为 ＿＿年＿＿月＿＿日,并从此日工程开始进入保修期。

附件：

(1)工程验收记录；

(2)移交项目清单。

项目经理(签名)：＿＿＿＿＿＿ ＿＿＿年＿＿＿月＿＿＿日	承包单位名称(盖章)：＿＿＿＿＿＿ ＿＿＿年＿＿＿月＿＿＿日
总监理工程师(签名)：＿＿＿＿＿＿ ＿＿＿年＿＿＿月＿＿＿日	监理单位名称(盖章)：＿＿＿＿＿＿ ＿＿＿年 ＿＿＿月＿＿＿日
设计负责人(签名)：＿＿＿＿＿＿ ＿＿＿年＿＿＿月＿＿＿日	设计单位名称(盖章)：＿＿＿＿＿＿ ＿＿＿年＿＿＿月＿＿＿日
业主或其委托的项目实施单位代表(签名)：＿＿＿＿ ＿＿＿＿＿＿＿＿＿＿＿＿＿＿＿＿＿＿ ＿＿＿年＿＿＿月＿＿＿日	业主或其委托的项目实施单位(盖章)：＿＿＿＿＿＿ ＿＿＿年＿＿＿月＿＿＿日

说明：本表格各相关单位各存一份。

B 类表(监理机构用表)

B 类表包括以下各表:

(1)B01 设计图纸会审/技术交底会议签到表。

(2)B02 设计图纸/技术交底会议记录。

(3)B03 工程开工/复工令。

(4)B04 工程开工许可证。

(5)B05 工程暂停令。

B05 类表又包括停工通知书、工程复工指令、工程返工指令等。

(6)B06 监理通知单。

(7)B07 监理规划报审表。

(8)B08 现场检查记录表。

(9)B09 旁站监理记录表。

(10)B10 工程款支付证书。

(11)B11 分部工程质量检验认可书。

(12)B12 分部工程质量验收表。

以上各表样式见下文。

设计图纸会审/技术交底会议签到表

工程名称：_____ 　　　　　　　　　编号:B01 -

业主		（单位名称）		
序号	姓名	职务	联系电话	电子邮箱
勘查设计单位		（单位名称）		
姓名	职务/职称	项目任职	联系电话	电子邮箱
施工单位		（单位名称）		
姓名	职务/职称	项目任职	联系电话	电子邮箱
监理单位		（单位名称）		
姓名	职务/职称	项目任职	联系电话	电子邮箱
监督单位		（单位名称）		
姓名	职务/职称	项目任职	联系电话	电子邮箱

注:交底会议内容及纪要应附报告和图纸会议记录。

日　期:___年___月___日

设计图纸/技术交底会议记录

工程名称：_____   编号:B02 -

____年____月____日，_____（业主或其委托的实施单位名称）召集_____
（勘查设计单位名称）、_____（监理单位名称）、_____、_____（各
施工单位名称）等单位项目负责人和相关技术人员对_____工程设计图纸和相关
设计资料进行施工前会审和技术答疑，形成如下会议内容和结论：

   1.

   2.

   3.

   4.

   5.

   6.

   ⋮

内容多可以另附页。

与会各单位代表签字：

记录人:_____   会审时间:____年____月____日

工程开工/复工令

工程名称：＿＿＿＿＿＿＿＿＿＿＿＿＿＿＿＿＿＿＿　　　　　　　　编号：B03-

致＿＿＿＿＿＿＿＿＿＿＿＿＿＿＿＿＿（承包单位名称）：

　　贵单位承担＿＿＿＿＿＿＿＿＿＿＿＿＿＿＿＿＿任务,已完成开工前各项准备工作(施工组织设计、施工进度计划、机械设备及现场设施等),经审查具备了开工条件,准予在＿＿＿年＿＿＿月＿＿＿日开工。该工程工期自本指令批准开工日期起计算。

　　　　　　　　　　　　　　　监理单位名称(盖章)：＿＿＿＿＿＿＿＿＿＿＿＿＿
　　　　　　　　　　　　　　　总监理工程师(签名)：＿＿＿＿＿＿＿＿＿＿＿＿＿
　　　　　　　　　　　　　　　日　　期：＿＿＿年＿＿＿月＿＿＿日

项目承担单位意见：

　　　　　　　　　　　　　　　项目承担单位名称(盖章)：＿＿＿＿＿＿＿＿＿＿＿＿
　　　　　　　　　　　　　　　项目负责人(签名)：＿＿＿＿＿＿＿＿＿＿＿＿＿
　　　　　　　　　　　　　　　日　　期：＿＿＿年＿＿＿月＿＿＿日

批准开工工程项目及编号		计划施工时段	＿＿＿年＿＿＿月＿＿＿日至＿＿＿年＿＿＿月＿＿＿日
附录			

说明:本表一式三份,监理单位、项目承担单位审批后,相关单位各存一份。

工程开工许可证

工程名称：＿＿＿＿＿＿＿＿＿＿＿＿＿　　　　　　　　　　编号：B04-

项目承担单位：＿＿＿＿＿＿＿＿＿＿　　　　　监理单位：＿＿＿＿＿＿＿＿＿＿＿＿

致＿＿＿＿＿＿＿＿＿＿＿＿＿＿＿＿（承包单位名称）：

　　你单位＿＿年＿＿月＿＿日报送的＿＿＿＿＿＿的开工申请已通过审查，现场条件满足开工要求，从即日起可以根据计划安排施工。施工过程中，请严格按照经审查过的施工组织设计内容，加强现场调度和质量管理，相关人员持证上岗，按章作业，安全生产，文明施工，确保工程质量和施工进度满足要求。

监理单位名称（盖章）：＿＿＿＿＿＿＿＿＿＿＿

总监理工程师（签名）：＿＿＿＿＿＿＿＿＿＿＿

日　　期：＿＿年＿＿月＿＿日

批准开工工程项目及编号		计划施工时段	
附录			

说明：本表一式三份，监理单位签发后，送承包单位一份，送项目承担单位一份。

工程暂停令

工程名称:_____ _____   编号:B05-

致 _____ (承包单位名称):

由于 _____原因,现通知你方必须于___ 年___月___日___时

起,对 _____ 工程的 _____ _____部位(工序)实施暂停

施工,并按下述要求做好各项工作:

    1.

    2.

    3.

    4.

    5.

    6.

    ⋮

监理单位名称(盖章):_____

总监理工程师(签名):_____

日　期:___ 年___月___日

说明:本表一式三份,监理单位审批后,返回承包单位一份,送项目承担单位一份。

停工通知书

工程名称：_____   编号：B05-1

致_____（承包单位名称）：

    由于_____原因，决定自___年___月___日___时起，工程___

_____部分暂停施工，特此通知。

                                   监理单位名称（盖章）：_____

                                   总监理工程师（签字）：_____

                                   日   期：___年___月___日

施工单位签收：

                                   施工单位名称（盖章）：_____

                                   项目经理（签名）：_____

                                   日   期：___年___月___日

发包单位意见：

                                   发包单位名称（盖章）：_____

                                   发包方代表（签名）：_____

                                   日   期：___年___月___日

说明：本表一式三份，送施工单位、发包单位各一份。

工程复工指令

工程名称：_____   编号：B05-2

致_____(承包单位名称)：

  鉴于_____监理【20××】停____号停工指令中所述工程暂停的因素已经消除,请你单位于____年___月___日对_____工程恢复施工。

  请贵部加强现场监督和管理,对各个工作环节严格把关,做到按章作业、安全文明施工,确保工程的顺利进行。

监理单位名称(盖章)：_____

总监理工程师(签名)：_____

日 期：___年___月___日

复工范围：

复工应做如下工作：

说明：本表一式三份,送承包单位、发包单位各一份。

工程返工指令

（监理【 】返 号）

工程名称：＿＿＿＿＿＿＿＿＿＿＿＿＿＿＿ 　　　　　　　　　　编号：B05-3

致＿＿＿＿＿＿＿＿＿＿＿＿（承包单位名称）： 　　由于本指令所属原因，现通知贵部对＿＿＿＿＿＿＿＿工程按下述要求予以返工，并确保本返工工程质量达到合格标准。 　　　　　　　　　　　　　　　　　　　监理单位名称(盖章)：＿＿＿＿＿＿＿＿＿ 　　　　　　　　　　　　　　　　　　　监理工程师(签名)：＿＿＿＿＿＿＿＿＿ 　　　　　　　　　　　　　　　　　　　日　期：＿＿年＿＿月＿＿日	
返工原因	□质量经检验不合格　　　□未按设计文件要求施工 □设计文件修改　　　　　□属于工程或合同变更 □其他
返工要求	□拆除　　　　　□更换材料　　　□更换设备 □另行更换合格的作业队施工 □由业主指定施工队伍施工 □其他
附注	□返工所发生的费用由施工单位自理 □返工所发生的费用可另行列入支付申报

说明：本表一式三份，送承包单位、发包单位各一份。

监理通知单

工程名称：＿＿＿＿＿＿＿＿＿＿＿＿＿＿＿　　　　　　　　编号：B06-

致＿＿＿＿＿＿＿＿＿＿（承包单位名称）：

　　事由：

　　内容：

□ 需回复　　　□ 不需回复

监理单位名称(盖章)：＿＿＿＿＿＿＿＿＿

监理工程师(签名)：＿＿＿＿＿＿＿＿＿

总监理工程师(签名)：＿＿＿＿＿＿＿＿＿

日　期：＿＿＿年＿＿＿月＿＿＿日

说明：重要监理通知应由总监理工程师签署，监理单位、承包单位、业主各存一份。

监理规划报审表

工程名称：_____   编号：B07-

致_____（发包单位名称）：

　　现报上_____项目的监理规划（见附件），请予以审查和批准。

监理单位名称：(盖章)_____

日　期：___年___月___日

发包单位审批意见	□同意　　　□修改后再报 □不同意，退回重新编制(以下写出具体意见) 发包单位名称:(盖章)_____ 日　期：___年___月___日
备　注：	

注:本表由监理单位填写，双方签字、盖章后，监理单位、发包单位各存一份。

现场检查记录表

工程名称：_____   编号：B08-

施工单位		项目负责人	
检查项目			
检查部位			

检查情况：

    应详细填写现场检查的内容、数据记录及质量、安全等情况是否满足要求

现场监理人员(签名)：_____

日　期：___年___月___日

审核意见：

监理工程师(签名)：_____

日　期：___年___月___日

总监理工程师(签名)：_____

日　期：___年___月___日

注：本表一式三份，由监理单位填写，送承包单位、发包单位各一份，监理单位自存一份。

旁站监理记录表

工程名称：_____   编号：B09-

日　期		天气	
工程地点			
旁站监理的部位或工序			
旁站监理开始时间		旁站监理结束时间	

施工情况：

监理情况：

发现问题：

处理意见：

处理结果：

备　注：

施工单位名称(盖章)：_____   监理单位名称(盖章)：_____

质检员(签名)：_____   旁站监理人员(签名)：_____

日　期：____年___月___日   日　期：____年___月___日

注：本表由监理单位填写，监理单位、承包单位各存一份。

工程款支付证书

工程名称：_____   编号：B10-

致_____（业主或其委托的项目实施单位）：

　　经审核_____（承包单位）的付款申请和报表，并扣除有关款项，同意本期支付工程款共计（大写）_____,（小写）_____,请按合同约定及时付款。

附件：(1)承包单位的工程付款申请表及附件；
　　　(2)项目监理机构审查记录。

合同额	申报数	核定数	应扣款	本期应付款	至本期合计支付

项目监理机构审查意见：	业主或其委托的项目实施单位审查意见：
项目监理机构名称：(盖章)_____ 　　　　总监理工程师(签名)：_____ 　　　　日　期：___年___月___日	项目承担单位名称：(盖章)_____ 　　　　项目负责人(签名)：_____ 　　　　日　期：___年___月___日

注：本表业主或其委托的项目实施单位、监理单位、承包单位各存一份。

分部工程质量检验认可书

工程名称:＿＿＿＿＿＿＿＿＿＿＿＿＿＿＿＿＿   编号:B11-

项目承担单位:＿＿＿＿＿＿＿＿＿＿＿＿   监理单位:＿＿＿＿＿＿＿

致＿＿＿＿＿＿＿＿＿＿＿＿＿＿＿＿＿＿＿(承包单位名称):

　　你单位所报＿＿＿＿＿＿＿＿(单位工程名称)之＿＿＿＿＿＿＿分部工程,经检验质量合格,确定为合格工程。

　　附件:分部工程质量验收表。

施工放样认可:　　□合格　　□不合格

材料试验合格认可:□合格　　□不合格

施工质量认可:　　□合　格　　□不合格

备注:

监理单位名称(盖章):＿＿＿＿＿＿＿＿

总/专业监理工程师(签名):＿＿＿＿＿＿

日　期:＿＿＿年＿＿＿月＿＿＿日

说明:本表一式三份,业主、监理单位、承包单位各存一份。

分部工程质量验收表

工程名称：_____   编号：B12-

施工单位		项目负责人	
分部工程名称		工程部位	
施工时间		验收时间	

序号	分项工程名称	检验批数	施工单位自检结果	验收意见
1				
2				
3				
4				
⋮				
测量放线				
原材料质量情况				
工序质量控制资料				
安全和功能检验(检测)				
观感质量验收				

验收单位	施工单位	验收意见： 施工单位名称(盖章)：_____ 项目经理(签名)：_____ 日　期：___年___月___日
	监理单位	验收意见： 监理单位名称(盖章)：_____ 项目总监(签名)：_____ 日　期：___年___月___日
	勘查设计单位	验收意见： 勘查设计单位名称(盖章)：_____ 项目负责人(签名)：_____ 日　期：___年___月___日

说明：本表一式四份,签字盖章后相关单位各存一份。

C 类表(各方通用表)

C 类表包括以下各表：
(1) C01 工作联系单。
(2) C02 工程变更单。
(3) C03 会议纪要。
以上各表见下文。

工作联系单

工程名称：_____　　　　　　　　　　　　编号：C01-

致_____（单位名称）：

事由：

内容：

建议：

提出单位名称（盖章）：_____

项目负责人（签名）：_____

日　期：___年___月___日

说明：本表由提出单位填写，各相关单位各存一份。

工程变更单

工程名称：_____　　　　　　　　　　　编号：C02-

致_____(监理单位名称)：

　　由于_____ 原因,兹提出_____

_____工程变更(内容见附件),请予

以审批。

　　附件(此处略)。

提出单位名称(盖章)：_____

代　表　人(签名)：_____

日　　期：____年____月____日

一致意见：

勘查设计单位名称 (盖章)：_____ 勘查设计单位代表 (签名)：_____	承包单位名称(盖章)： _____ 承包单位代表(签名)： _____	监理单位名称(盖章)： _____ 监理单位代表(签名)： _____	业主名称(盖章)： _____ 业主代表(签名)： _____
日　　期： ____年____月____日	日　　期： ____年____月____日	日　　期： ____年____月____日	日　　期： ____年____月____日

说明:本表格各相关单位各存一份,必要时增加评审专家和管理部门意见栏。

会 议 纪 要

工程名称：＿＿＿＿＿＿＿＿＿＿＿＿＿＿　　　　　　　　　编号：C03-

会议名称				
会议时间		会议地点		
主要议题				
组织单位		主持人		
参加会议单位	（单位名称）			
主要参加人员	（单位名称）			

<table>
<tr><td rowspan="3">会议主要内
容及结论</td><td colspan="4">如内容多,可以另附页

日　　期：＿＿＿年＿＿＿月＿＿＿日</td></tr>
</table>

与会各方签认	业　主	监理单位	承包单位	勘查设计单位

记录人：

附录2 监理日志格式

监理日志格式如下表所示。

监理日志

项目名称：_____   第 页

监理单位：_____   承包单位：_____

___年_月_日 星期___   天气(温度:__~__ ℃;晴阴雨雪)

现场施工情况					
施工单位人员情况	包括技术人员、质检人员到位情况				
施工部位、内容、形象					
质量检验、安全情况					
原材料、机械、设备情况					
存在问题及处理情况					
施工分项分部工程	总工程量	当天完成工作量	累计完成工作量	施工质量情况	施工安全状况
监理工作情况					
监理人员					
质量检验					
安全检查					
签证资料情况					
技术核定情况					
工地停工情况					

监理员(签名):_____   监理工程师(签名):_____

监理日志记录要点

1.基本要求

(1)监理日志记录应及时、真实、详尽,字迹清楚、条理清晰,用碳素墨水填写。

(2)每天须记一页(停工除外),如果内容较多,一天也可记多页。停工期间不必每天记录,工程有异常情况时记录,在停工和复工日记录清楚停、复工情况。

(3)监理日志每册封面应标明工程名称、册号、记录时间段及业主单位、设计单位、施工单位、监理单位名称,并由总监理工程师签字。

(4)监理人员应于施工当日记录监理日志并签字,且不得隔页记录或撕去其中任何一页,每页由监理工程师审查并签字认可。

(5)总监理工程师应定期检查监理日志,并在检查当日将评语记录于监理日志之上,并签名。

2.记录内容

(1)监理日志应记录日期、气温、天气、施工情况、原材料使用情况、存在问题及处理情况、监理工作及其他有关事项。

(2)原材料使用情况应分类记录当日投入的材料数量、质量及使用部位。

(3)存在问题及处理情况应记录监理人员在监理工作中发现的原材料、施工质量、工作程序、安全文明施工等方面的问题及处理问题的方法与落实情况。

(4)监理工作应记录监理人员见证、旁站、巡视、抽查、平行检验等监督情况,并详细记录监理工作的具体工程位置。

3.其他事项

监理人员应定期检查承包单位的施工日志,并与监理日志内容进行对照。发现与施工日志记录不一致之处需要查明原因,并进行整改统一。

附录 3　监理月报格式

_____ 项目

监理月报
（第　　期）

_____年度
_____月份

_____监理公司

项目监理机构(盖章) :_____

项目总监理工程师(签名) :_____

_____年_____月_____日

监理月报目录

1.项目概况

项目名称、地点,业主或其委托的实施单位、勘查、设计、施工、监理等各参建单位情况,治理工程划分、工程造价与工程开工日期、计划竣工日期等(见表1)。

2.承包单位项目组织管理情况

(1)项目划分与各标段工程内容。

(2)承包单位组织机构及主要承包单位情况。

3.工程进度情况

(1)本月工程形象进度。

(2)工程实际进度与总进度计划比较表(见表2)。

(3)本月实际完成情况与进度计划比较。

(4)本月工、料、机动态。

(5)对进度完成情况的分析,采取的措施及效果。

(6)本月在施工部位的工程照片。

4.工程质量情况

(1)本月工程验收情况。

(2)主要施工试验情况。

(3)旁站监理情况(见表3)。

(4)施工资料报送情况。

(5)工程质量问题、采取的措施及效果。

5.工程计量与工程款支付

(1)本月完成工程量统计表(见表4)。

(2)工程款审批及支付情况。

(3)工程款支付情况分析。

(4)本月采取的措施及效果。

6.安全与文明施工

此处略。

7.原材料、构配件与设备

进场材料、构配件、设备报验情况(见表5)。

8.合同其他事项的处理

(1)本月工程变更与调整情况。

(2)工程延期及处理情况。

9.协调、天气及其他因素对施工影响的情况

此处略。

10.项目监理情况

(1)项目监理组织。

①项目监理机构情况;

②项目监理机构人员情况(见表6)。

(2)监理工作统计(见表7)。

11.本月监理工作小结

(1)对本月工程施工的总体评价。

(2)项目监理机构本月的工作情况。

(3)存在的问题和建议。

表1 项目基本情况

项目名称					
项目地点					
业主或其委托的实施单位					
勘查单位					
设计单位					
承包单位	_____公司				
	开工日期		合同价款		
工程项目一览表					
工程内容			单位	数量	工程造价(万元)
单位工程	分部工程	分项工程			
		⋮			
	分部工程	分项工程			
		⋮			
	⋮				

表2 实际进度与总进度计划比较表

序号	分部工程内容	___年___月						___年___月					
		1	2	3	4	…		1	2	3	4	…	
1													
2	⋮												

注:——为计划进度;┄┄┄为实际进度。

表3 旁站监理情况

序号	旁站监理部位	旁站监理时间	旁站记录编号	监理人员	备注

表 4　本月完成工程量统计表

单位工程	分部工程	分项工程	单位	本月完成工程量	累计完成工程量

表 5　进场材料、构配件、设备报验情况

序号	进场材料、构配件、设备名称	数量	生产(供应)厂家	检验情况	备 注

表 6　项目监理机构人员情况

序号	姓名	年龄	专业	职务	负责的主要工作

表7 监理工作统计

序号	项目名称	单位	数量		备 注
			本月	累计	
1	工地会议	次			
2	审核施工组织设计(专项方案)				
	提出意见和建议				
3	审批施工进度计划				
4	审核图纸				
	提出意见和建议				
5	下发监理通知单				
6	设备/原材料/构配件审批				
7	监理见证取样				
8	监理旁站				
9	工程质量验收				
10	签批验收资料				
11	签署开工报告				
12	发出工程暂停令				

附录4 旁站监理工序/部位

旁站监理工序/部位分为勘查阶段与施工阶段两方面,如下所述。

表1 勘查阶段需要旁站监理的工序/部位

单位工程	勘查工程	勘查内容	旁站工序/部位
地质灾害治理工程勘查	抗滑桩	勘探、物探	测量、控制性孔勘探、原位试验
	拦挡墙	勘探	测量、控制性孔勘探、原位试验
	排水渠	勘探	测量、控制性孔勘探、原位试验
	排导槽	勘探	测量、控制性孔勘探、原位试验
	桥涵	勘探	测量、控制性孔勘探、原位试验
	附属工程	勘探	控制性孔勘探、原位试验
矿山环境治理恢复工程勘查	挡土墙	勘探	测量、控制性孔勘探、原位试验
	排水渠	勘探	测量、控制性孔勘探、原位试验
	道路施工	勘探	测量、控制性孔勘探、原位试验
	输排水管道	勘探	测量、控制性孔勘探、原位试验
地质遗迹景观保护与科教项目勘查	建筑工程	勘探	测量、控制性孔勘探、原位试验
	地质遗迹景观修复		现场试验
	附属工程	勘探	测量、控制性孔勘探、原位试验
含水层保护勘查	水文地质勘查	水文地质勘查	物探测试、钻探、水文地质试验
	供水工程	打井工程	成井、抽水供水试验

表 2 施工阶段需要旁站监理的工序/部位

单位工程	分部工程	分项分部工程	旁站工序/部位
地质灾害治理	抗滑桩锚系统	抗滑桩	钢筋笼安装、混凝土浇筑、试验
		预应力锚杆	锚杆安装、张拉试验
		钢筋混凝土联系梁	混凝土浇筑、试验
	拦挡墙	基础、垫层	首次砌筑、混凝土浇筑、试验
	排水渠	基础、垫层	首次砌筑、混凝土浇筑、试验
	排导槽	基础、垫层	首次砌筑、混凝土浇筑、试验
	桥涵	基础、梁板	混凝土浇筑、试验
	附属工程	注浆	首次注浆施工、试验
矿山环境治理恢复	挡土墙	基础、墙体	首次砌筑、混凝土浇筑、试验
	排水渠	基础、垫层	首次砌筑、混凝土浇筑、试验
	道路施工	基础、垫层、面层	混凝土浇筑、试验
	输排水管道	管道	首次接口连接、试验
	供水工程	水井施工	下管、试验
地质遗迹景观保护与科教项目	建筑工程	基础、墙体、顶板	混凝土浇筑、试验
	科教演示系统	地图板	试验
		科教沙盘	试验
	防护栏	混凝土护栏、钢护栏	首段护栏安装
生物工程	生物工程	植树、绿化	首次施工

附录 5 项目总结报告组卷目录

序号	报告名称	编号	编写单位	备注
1	总结报告		承担单位(或其委托单位)	专家组审查
2	竣工报告	附件一	施工单位	专家组审查
3	监理总结报告	附件二	监理单位	专家组审查
4	财务结算报告	附件三	施工单位	专家组审查
5	审计报告	附件四	审计单位	专家组审查
6	照片集	附件五	施工单位	专家组审查
7	视频资料	附件六	施工单位	专家组审查

附录6　项目验收意见书格式

_____矿山地质环境恢复
治理工程项目验收意见书

项目勘查设计单位(盖章)：_____
项目业主(盖章)：_____
项目施工单位(盖章)：_____
单位负责人(签名)：_____
施工负责人(签名)：_____
项目监理单位(盖章)：_____
单位负责人(签名)：_____
监理负责人(签名)：_____
组织验收单位：_____
验收日期：____年____月____日

项目概况

任务来源	
目的任务	
主要矿山地质 环境问题	
治理设计方案 （包括设计变更）	
完成的主要实物 工作量	
主要工作进展	
项目实施效果	
经费使用情况	

提交的技术文件目录

审查验收意见

组织验收单位		验收时间	
审查验收意见			

一、主要成绩和优点

1.

2.

3.

  ⋮

二、存在问题及整改建议

1.

2.

3.

  ⋮

三、结论

主审专家(签名)：_____

日　期：___年___月___日

组织验收单位 意　见	
	日　期：___年___月___日

注:若内容多,可加页。